畸形波的模拟及其对核电取水构筑物的作用

刘赞强 —— 著

河海大学出版社
·南京·

图书在版编目(CIP)数据

畸形波的模拟及其对核电取水构筑物的作用 / 刘赞强著. -- 南京：河海大学出版社，2023.6
ISBN 978-7-5630-8248-3

Ⅰ. ①畸… Ⅱ. ①刘… Ⅲ. ①海浪－不规则波－研究 Ⅳ. ①P731.22

中国国家版本馆 CIP 数据核字(2023)第 109183 号

书　　名	畸形波的模拟及其对核电取水构筑物的作用
书　　号	ISBN 978-7-5630-8248-3
责任编辑	王　敏
特约校对	何荣珍
封面设计	张育智　周彦余
出版发行	河海大学出版社
地　　址	南京市西康路 1 号(邮编：210098)
电　　话	(025)83737852(总编室)　(025)83786652(编辑室) (025)83722833(营销部)
经　　销	江苏省新华发行集团有限公司
排　　版	南京布克文化发展有限公司
印　　刷	广东虎彩云印刷有限公司
开　　本	718 毫米×1000 毫米　1/16
印　　张	8.25
字　　数	140 千字
版　　次	2023 年 6 月第 1 版
印　　次	2023 年 6 月第 1 次印刷
定　　价	56.00 元

前言

畸形波是一种波高巨大的灾害性波浪,对海岸及海上建筑物和船只具有强大的破坏性。由于畸形波发生的偶然性和不可预测性,实测资料非常有限,畸形波的研究还处于起步阶段,其发生机理和发生概率还不明确,因此需要对畸形波做深入研究,以减少畸形波给人类带来的伤害。鉴于外海监测畸形波存在极大困难,实验室模拟成为研究畸形波相关特性的重要手段。

目前采用 Longuet-Higgins 模型是实验室模拟产生畸形波的有效手段和常用方法。为了克服已有模拟方法的不足,本书建立了一种数值模拟畸形波的相位调制新方法,该方法既能定点定时模拟生成畸形波,又可满足模拟波浪序列的统计特性与天然海浪的统计特性一致,还可使模拟波列的频率谱与目标谱吻合。基于该模型,探讨了畸形波特征参数和模拟效率的影响因素问题。经过模拟对比发现,高频向低频调制优于低频向高频调制,高频波浪对畸形波的形成具有极其重要的作用。采用高频向低频调制方式和本书所采用的组成波数范围内(50~100),畸形波波高、畸形波波峰高、畸形波波高与有效波高的比、畸形波波峰高与畸形波波高的比以及畸形波的模拟效率均随调制波数和谱宽度的增加而增大。在本书选取的谱峰周期范围内(8~16 s),谱峰周期对畸形波的特征参数和模拟效率几乎没有影响。采用该方法模拟畸形波,建议截断频率取 3.5~4 倍的谱峰频率。若模拟一般畸形度的畸形波,组成波数可取 50~70;若模拟畸形度较高的畸形波,组成波数可取 70~100。全部调制。采用尝试法,根据模拟结果改变组成波数和调制波数。

应用该模型模拟了多个外海实测含有畸形波的波浪序列,模拟结果既满足了波浪序列的统计特性,又保持了原有目标谱的真实结构,模拟畸形波和实测畸形波吻合完好,验证了本书方法的有效性和适用性。其中,采用本书方法可以数值模拟方法模拟出畸形波波高与有效波高的比达到 3.14 且畸形波波峰高与畸形波波高的比达到0.76的高畸形度的实测畸形波,模拟结果与实测畸形波吻合良好,较已有方法,本书方法具有较强的适用性。然而在物理模拟中,由于波浪在聚焦点前发生破碎,未能模拟出该实测高畸形度畸形波。

本书研究了畸形波在随机波浪中生成与发展的演化过程。数值模拟结果和物理模拟结果均表明,在波浪聚焦点前后不超过半个特征波长的范围内均有一个大波谷(海中之洞)形成;同时物理模拟发现,在聚焦点前后不超过一个特征波长的范围内,均有满足最大波高与有效波高之比大于等于2.0且最大波高的波峰高与最大波高之比大于等于0.65的畸形波形成。这些现象与目击者的描述和研究学者通过数值计算得出的结论是一致的。通过统计不同波况下畸形波的无因次生存时间(生存时间与谱峰周期之比)和无因次传播距离(传播距离与特征波长之比),发现两者具有很好的线性相关性,无因次生存时间大约是无因次传播距离的2.0倍。畸形波的生存时间约为2～10倍的谱峰周期,传播距离约为1～5倍的特征波长。

核电站多建设在近岸以方便取排水,复杂地形变化和岸边界的作用可能导致在取水构筑物前形成畸形波。鉴于畸形波强大的破坏性,有必要对畸形波与核电取水构筑物的相互作用进行探索性研究。本书借助一个工程实例,发现近岸海域波浪中有畸形波形成,为证明近岸畸形波的存在提供了有力证据。试验结果中发现,在直墙式取水构筑物迎浪侧有异常点压力发生,经分析发现该异常点压力是由近岸畸形波传播至取水构筑物并对构筑物冲击造成的。畸形波产生的最大点压力值可以达到常规随机波浪最大点压力值的2.28倍,水平总力可以达到2.51倍,可见,畸形波能够产生比普通波浪更强大的压力,可能对取水构筑物造成严重的破坏。若现行设计标准中取水构筑物波浪压强值是在没有畸形波情况下得到的,建议考虑可能存在畸形波作用的情况,将现行设计承压能力加大到2.5倍。对于取水构筑物底部,畸形波和常规随机波浪作用时,最大点压力差别不大,点压力分布曲线几乎一致。

目录

1 绪论 ··········· 001
  1.1 研究背景及意义 ··········· 001
  1.2 文献综述 ··········· 002
    1.2.1 畸形波的定义 ··········· 003
    1.2.2 畸形波事件和观测 ··········· 004
    1.2.3 畸形波生成机理的假说 ··········· 009
    1.2.4 畸形波的数值模拟 ··········· 012
    1.2.5 畸形波的物理模拟及其对结构物的作用 ··········· 014
  1.3 本书的主要工作 ··········· 015

2 基于 Longuet-Higgins 模型的畸形波模拟方法 ··········· 017
  2.1 随机波浪的模拟及要求 ··········· 017
  2.2 模拟畸形波的有效模型 ··········· 020
    2.2.1 随机波加瞬态波模型 ··········· 021
    2.2.2 调制聚焦理论模型 ··········· 026
  2.3 本章小结 ··········· 030

3 相位调制新方法 ··········· 032
  3.1 理论模型 ··········· 032
  3.2 模型的验证 ··········· 034
  3.3 畸形波特征参数的影响因素 ··········· 036
    3.3.1 组成波数的确定 ··········· 037
    3.3.2 调制方向的选取 ··········· 039

    3.3.3 调制波数对畸形波特征参数的影响 ·················· 041
    3.3.4 谱的宽度对畸形波特征参数的影响 ·················· 044
    3.3.5 谱峰周期对畸形波特征参数的影响 ·················· 046
  3.4 畸形波模拟效率的影响因素 ································· 047
    3.4.1 调制波数对畸形波模拟效率的影响 ·················· 047
    3.4.2 谱的宽度对畸形波模拟效率的影响 ·················· 049
    3.4.3 谱峰周期对畸形波模拟效率的影响 ·················· 049
  3.5 新方法与已有方法的对比 ···································· 050
  3.6 本章小结 ··· 051

4 天然畸形波的数值模拟和物理模拟 ································ 053
  4.1 数值模拟 ··· 053
    4.1.1 模拟"新年波" ·· 053
    4.1.2 模拟日本海实测畸形波 ································ 055
    4.1.3 模拟北海实测畸形波 ···································· 057
    4.1.4 模拟高畸形度畸形波 ···································· 059
  4.2 物理模拟 ··· 061
    4.2.1 畸形波的物理模拟及验证 ····························· 061
    4.2.2 物理模拟"新年波" ····································· 066
    4.2.3 物理模拟日本海畸形波 ································ 067
    4.2.4 物理模拟北海畸形波 ···································· 069
    4.2.5 物理模拟高畸形度畸形波 ····························· 071
  4.3 本章小结 ··· 072

5 畸形波空间演化的物理研究 ·· 074
  5.1 畸形波的演化过程 ··· 075
    5.1.1 物理模拟 ·· 075
    5.1.2 数值模拟 ·· 081
  5.2 畸形波的生存时间和传播距离 ······························ 084
    5.2.1 试验工况选取 ··· 085
    5.2.2 试验结果 ·· 086
    5.2.3 试验结果分析 ··· 093

  5.3 本章小结 ·· 095

6 畸形波对核电取水构筑物作用的探索 ·············· 097
  6.1 研究背景 ·· 098
  6.2 天然地形上波浪场中的畸形波 ················· 101
  6.3 地形开挖后取水构筑物异常点压力和近岸畸形波 ·· 104
    6.3.1 模型布置 ····································· 104
    6.3.2 试验结果 ····································· 107
  6.4 本章小结 ·· 111

结论 ·· 113
参考文献 ·· 116

1 绪论

1.1 研究背景及意义

我国是一个海洋大国,近年来,港口、海岸及海洋工程发展极为迅速,波浪是海岸、海上建筑物及船只所经受的最主要的动力荷载,因此,深入研究波浪和掌握波浪的特性,对于结构物的安全设计和使用具有十分重要的意义。然而,波浪受多种因素的影响,其运动状态极为复杂,人们对其了解和认识还处于不断探索的阶段。在人类从事海洋相关活动的过程中,会遭遇一些特殊波浪,威胁人类的安全。

畸形波(freak wave)是海洋中出现的一种特殊波浪,它波高极大,破坏力强,能量很集中,具有很强的非线性,在相对平静的海面上突然出现又很快消失,对海岸及海上结构物和船只构成严重的威胁,船员们将其称为"海洋怪兽"。畸形波可以在多种环境下出现,出现的时间和地点具有偶然性。过去,人们认为畸形波是一种稀有现象,甚至是船员们的虚构和夸大,然而近年来,随着诸多海上船舶灾难和工程事故的相继发生[1-3]以及越来越多的畸形波的发现[4-6],人们开始认识到这些灾难和工程事故可能和畸形波有关,并开展与畸形波相关的研究工作。但由于畸形波通常出现在未知和不可预料的海况下,发生频率低,持续时间短,缺少完整的观测记录和可靠的分析结果,其发生机理还不明确。

目前国外关于畸形波的研究较多见,比较著名的 Rogue Waves Workshop (畸形波研讨会)就是针对畸形波的研究进展进行集中讨论的国际会议。我国虽是一个海洋大国,但关于畸形波的研究起步较晚,取得的成果相对较少,发展比较缓慢[7-35]。

基于 Longuet-Higgins 模型[36]的波浪能量聚焦是实验室模拟畸形波的常用方法,而该方面已有的数值方法[10,17-22]都存在一些缺点和不足,因此需要寻求新方法以优化畸形波的模拟。目前,有关探讨畸形波特征参数和模拟效率的影响因素方面的研究尚未见报道。分析畸形波特征参数的影响因素可以调控生成不同特征的畸形波,为畸形波的可控制生成提供参考依据。模拟效率是考察某种数值方法优越性和应用价值的重要指标,是推广和普及某种数值方法的基础和前提。因此有必要在寻求新方法的基础上对上述两方面(特征参数和模拟效率)的内容做进一步探讨。

如今,尽管已有一些关于畸形波的实测资料,但是都是关于固定点的波面时间过程,而人们更关心的是畸形波的空间演化过程,以了解其来源和去向。在外海研究畸形波极为困难的情况下,开展实验室内畸形波的定时定点生成成为研究畸形波相关特性的重要手段。在此基础上,可进一步开展畸形波的空间演化过程、内外部结构、对结构物的作用及发生机理等一系列的研究工作。其中,开展畸形波的空间演化过程的研究,可以探索畸形波在形成过程中产生的各种现象,考察其发展来源和消亡去向,并估算其生存时间和传播距离,进而在遭遇畸形波时能够及时作出应对措施和补救方案,减少或避免其带来的伤害。

畸形波对结构物的作用是人们最关心的研究领域,国内外已经在实验室开展了这方面的研究工作,但是仅限于圆柱体和浮体结构[37-42],畸形波对近岸直墙式结构物作用的研究尚未见报道。如今,近岸有发生畸形波的记录,畸形波对近岸结构物的作用就不容忽视。核电站通常建于近岸,复杂地形变化和岸边界的作用可能导致在取水结构物前形成畸形波。位于海水中的直墙式取水构筑物可能遭遇畸形波而被破坏,影响取水系统的正常运行,进而影响到整个核设施的安全。因此,有必要对取水构筑物在近岸畸形波作用下的受力特性进行尝试性探索,为结构物的安全设计提供重要参考。

总体而言,关于畸形波还有大量的理论和现实问题需要深入研究。

1.2 文献综述

尽管目前外海实测波浪的数据很丰富,但是其中缺少完整的畸形波数据,研究学者也仅能从个别案例中对畸形波进行研究,因此畸形波的研究发展比较缓慢,还处于起步阶段,有很多的理论和实际问题亟待解决。已有的研究成果包括畸形波定义、记录、生成机理假说、数值模拟、物理模拟和畸形波对结构物作用等几个方面。

1.2.1 畸形波的定义

Draper[43]最早提出了畸形波的概念,但是到目前为止,畸形波还没有统一的名称和定义。畸形波(freak wave),也被称作凶波(rogue waves,vicious waves)、异常波(abnormal waves、exceptional waves)、巨波(giant waves)、杀人波(killer waves)、怪波(monster waves)、海中之洞(holes in the sea)、水墙(walls of water)、瞬态波(sudden waves、episodic waves)、极值波(extreme waves)、疯狗浪(rabid-dog waves)等[44,45]。从以上人们对其众多的称谓中不难发现畸形波的危害性。

依据目击者的描述,Dyachencko and Zakharov[46]总结了畸形波通常具有如下的特征:

(1) 本质上畸形波是一种非线性"事物";
(2) 畸形波的波陡极陡,看起来像一堵水墙;
(3) 畸形波是单个大波事件;
(4) 其波峰高度是附近波峰高度的3~4倍;
(5) 在畸形波形成之前,有一个大波谷发生,即所谓的"海中之洞";
(6) 在相对平静的海面上几乎是瞬时出现;
(7) 其存在时间非常短。

尽管畸形波通常具有以上特征,但是由于人们对畸形波的生成机理尚不明确,畸形波仍是一种直觉概念上的东西,没有实现从现象到本质的跨越,因此尚没有令研究者一致信服的精确定义。畸形波虽是一种波高极大的海浪,但并不是指在海洋中出现的最大波浪,而是相对于一定海况背景下出现的大波,是一个相对概念。目前,大多数研究学者仅从波高的角度来定义畸形波。

1987年Klinting和Sand[47]首先提出了畸形波的定义,认为畸形波应满足以下条件:

(1) 畸形波的波高是有效波高(1/3大波平均波高)的2倍以上,即$H_{max}/H_{1/3} \geqslant 2.0$;
(2) 畸形波的波峰高是畸形波波高的0.65倍以上,即$\eta_c/H_{max} \geqslant 0.65$;
(3) 畸形波的波高是前一波高和后一波高的2倍以上,即$H_{max}/H_- \geqslant$

2.0 和 $H_{max}/H_+ \geqslant 2.0$。

畸形波参数示意图如图 1.1 所示,该定义不仅考虑了畸形波本身,还考虑了畸形波与相邻波的波高之间的关系,已被多数学者接受。随着海上实测资料的不断增多,海洋中也逐渐有不同形式的大波出现,其最大波高满足 $H_{max}/H_{1/3} \geqslant 2.0$,因此有的研究学者也将其称为畸形波[2,3,44,45,48-54]。虽然研究学者对畸形波的定义存在分歧,但都不否认畸形波的波高大于 2.0 倍的有效波高。为了兼顾畸形波通常具有单个突出波峰的特征,本书采用 $H_{max}/H_{1/3} \geqslant 2.0$ 作为畸形波定义的主要条件,把 $\eta_c/H_{max} \geqslant 0.65$ 作为次要条件,把 $H_{max}/H_- \geqslant 2.0$ 和 $H_{max}/H_+ \geqslant 2.0$ 作为畸形波定义的辅助条件。规定 $\alpha_1 = H_{max}/H_{1/3}$,$\alpha_2 = \eta_c/H_{max}$,$\alpha_3 = H_{max}/H_-$,$\alpha_4 = H_{max}/H_+$,并将其作为畸形波的特征参数。$\alpha_1$ 和 α_2 代表了波浪能量的集中程度,α_1 和 α_2 越大,表明畸形波的畸形度越高,非线性越强,波浪能量越集中。其中 α_1 又称为畸形因子(Abnormal Index),是波能集中程度和波浪畸形程度的主要表征参数。

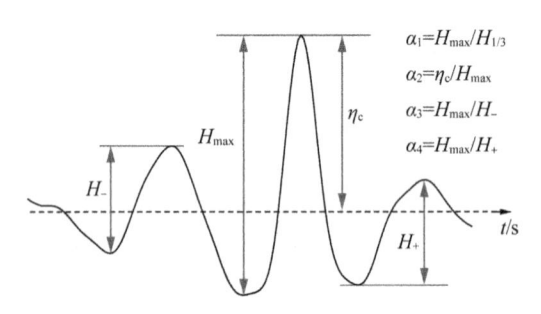

图 1.1 畸形波参数示意图

1.2.2 畸形波事件和观测

(1)畸形波事件

人类对畸形波的认识源于它给人类带来的伤害,近年来,人们开始认识到诸多的海上船舶灾难和工程事故可能源于畸形波。

1974 年 5 月 17 日,挪威籍油轮 Wilstar 号在南非德班海域附近遭受畸形波的攻击,造成船体外部结构严重损伤[5],如图 1.2 所示,该海域就是著名的阿古拉斯洋流(沿着非洲南部东岸向西南方向流动的印度洋洋流)的流经之处。

图 1.2 Wilstar 号遭受畸形波攻击后损坏的情形

在 1969—1994 年近 25 年的时间里,世界海域内有 22 艘巨轮因畸形波打击而失事[1-3],共造成 542 人死亡。

1995 年 2 月巡洋舰 Queen Elizabeth Ⅱ 在北大西洋的台风天气中遭遇了一个 29 m 高的畸形波,造成船体小的损坏,庆幸并无人员伤亡。据该船船长 Warwick 回忆,当时船体产生了两次令人难以置信的"颤抖",似乎经历了两个连续的畸形波[55,56]。

2002 年 11 月 19 日,Prestige 号油轮在西班牙西北部加利西亚海域被畸形波击中而断为两截后沉入海底[57-58],如图 1.3 所示,超过 2 000 万加仑的燃油泄漏入海。

图 1.3 Prestige 号油轮遭遇畸形波而沉没

2007年12月4日，美国一艘海岸巡逻船在加利福尼亚摩洛湾执行任务时被突然出现的畸形波打翻，一位摄影师刚好记录下了这惊人的一幕，如图1.4所示。

图1.4　海岸巡逻船遭遇畸形波

2008年2月，Riverdance号渡轮从北爱尔兰开往希舍姆的途中遭遇畸形波的袭击而受到严重损害，造成3人死亡。据相关发言人Mariette Hopley讲述，当时的海面非常平静，这种突然出现的异常大波不知从何而来。

2010年3月，塞浦路斯籍游船Louis Majesty号在法国马赛港附近连续遭受了3个约7.9 m高的大浪袭击，造成2人死亡6人受伤。相对当时的海况，可以认为7.9 m高的大浪是一个异常大波。

畸形波除了对海上航行的船舶造成破坏外，同时还对海上采油平台构成巨大的威胁，目前有关畸形波的实测资料一部分来自海上采油平台的监测。图1.5所示为1984年11月17日在英国北海Gorm采油平台监测到一个包含畸形波的波面时间序列[5]，该畸形波波峰高达11 m，为有效波高（5 m）的2.2倍。

1995年1月1日发生在挪威北部海域的畸形波，也就是著名的"新年波"（The New Year Wave）[4][59,60]，是目前记录最完善的畸形波。该海域水深70 m，实测畸形波最大波高25.6 m，波峰高18.5 m，约为有效波高的2.17倍。该畸形波对Draupner采油平台造成了损害。图1.6给出了其波面时间过程。

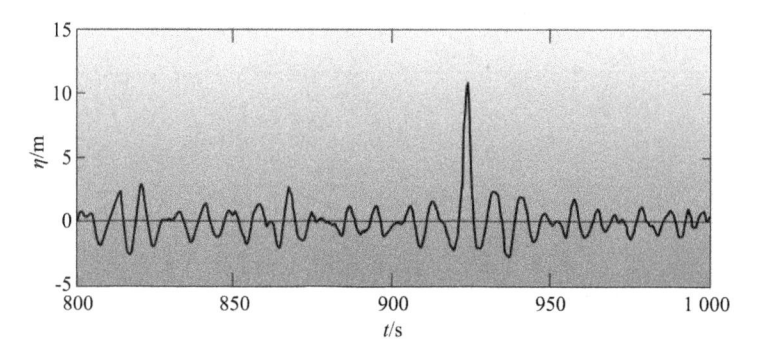

图 1.5　1984 年 11 月 17 日发生在英国北海 Gorm 采油平台的畸形波事件

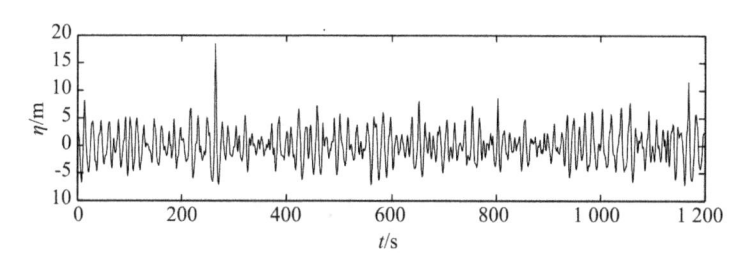

图 1.6　1995 年 1 月 1 日发生在挪威北部海域的"新年波"波面时间序列

以上畸形波记录大都发生在广阔的外海海域,然而也有发生在近岸的畸形波事件。

1992 年 7 月 3 日,在福罗里达州海岸,一个高约 5.5 m、宽约 38.1 m 的巨浪突然出现在平静的海边并拍向海岸,造成多艘船只倾覆和 75 人受伤。

Chien 等人[51]从我国台湾地区报纸刊登的信息中搜集了 1949—1999 年间发生在台湾地区近岸的 140 个畸形波事件,这些事件共造成 496 人死亡和 35 艘船只倾覆。在近岸,无论当时人是站在防波堤上、近岸礁石上还是海边,这种突然出现的巨浪顷刻间都能将人吞噬。正因如此,近岸畸形波是造成台湾地区近岸事故频发的原因之一。

2005 年 8 月 26 日,在南非考克湾的一座防波堤上,有两人被突然出现的畸形波卷走[6],如图 1.7 所示。幸运的是,这两人都被营救,但是其中一人头部严重受伤。此次发生的畸形波波高超过 9 m,而南非海岸附近的有效波高仅 4.5 m。据报道[6],在 1996 年 4 月 21 日,该地区曾发生过行人被畸形波卷走的事件,3 人被冲入海,仅 1 人得救。

图 1.7　一个高达 9 m 的畸形波卷走防波堤上的行人

2008 年 3 月,一个 7 m 高的畸形波突然出现在西班牙西北部拉科鲁尼亚港的岸边,冲走了岸上的汽车和行人。同年 5 月,一个高 5 m 的畸形波袭击了韩国西部海岸,造成 9 人死亡,14 人受伤。

从这些事故记录可以看出,畸形波是真实存在的,在外海海域和近岸都有记录,它可以在多种条件下发生,发生的时间和地点具有不确定性。

(2) 畸形波的观测

虽然人们已经接受并开始认识畸形波,但是由于畸形波发生的不确定性和不可预知性,实测资料十分有限。鉴于畸形波的发生机理还不明确,而现场观测是最重要和最直接的研究手段,因此,许多研究学者已经将精力投入海上现场观测方面,欲从实测资料中找到畸形波研究的突破口。

1986 年 9 月—1990 年 7 月,日本运输省船舶技术研究所在日本海距离 Yura 渔港 3 km 处进行了海浪连续观测。Mori 等人[52]对实测数据进行了分析,从中发现了至少 14 个波高超过 10 m 的畸形波数据,对这些数据分析后指出,波高的分布趋向于符合瑞利(Rayleigh)分布,但是波峰和波谷的分布不符合 Rayleigh 分布。

1991—1995 年 Liu 和 Pinho[61]在南大西洋坎普斯湾 1 000 m 水深处进行了长达 5 年的波浪观测,并对观测结果进行分析后发现,在所有 7 457 个波列数据中有 276 个包含畸形波,由此他们认为畸形波并不是小概率事件,同时他们指出,畸形波在恶劣和温和天气下都有发生,有效波高 12 m、2 m 和 0.5 m 的情况下都有畸形波发生。

1996 年,研究者在台湾周边海域安装了海洋监测系统,Chien 等人[51]从当年的实测波浪数据库中获取了 175 个畸形波,经过分析其波高概率分布后发现,当畸形波的波高和有效波高的比值超过 2.4 时,Rayleigh 分布比较适合描述近岸畸形波的发生概率,但该发生概率仍低于 Rayleigh 分布;通过研究近岸畸形波与海洋状况的关系后指出,当海洋中有聚焦波浪或双峰谱波时,畸形波的发生概率会大大增加。

1996—2003 年 Pelinovsky 等人[62]在黑海东北部(44°30.4′N,37°58.8′E) 85 m 水深的海域进行了波浪观测,共获得了 15 000 个波高记录,从中发现了多个高畸形度的畸形波。

由于北海油田的迅速开发和海上油气运输的繁荣,北海海域成为海上波浪监测的主要区域,也因此该海域成为畸形波的多发区域。Stansell[63,64]在北海北部距离设得兰群岛(60°48.5′N,1°44.17′E) 100 n mile① 的 North Alwyn 海域(水深 130 m)的 2 座采油平台附近进行了波高采集,选取了 14 个暴风天气中 793 h 的波高数据,对其中的部分大波进行了统计分析后,从中发现了 104 个畸形波,并指出畸形波的发生概率和有效波高、波陡及谱宽有一定关系,且 Rayleigh 分布低估了畸形波的发生概率。在 1997 年 11 月 16—22 日的一次台风中,Slunyaev、Guedes 等人[65,66]对 North Alwyn 海域(60°45′N,1°44′E,水深 126 m)采集到的 54 245 个波浪进行了分析,从中发现了 23 个 $H_{max}/H_{1/3} \geqslant 2.0$ 且 $\eta_c/H_{1/3} \geqslant 1.3$ 的畸形波,而这其中有 8 个畸形波同时满足 $H_{max\,D}/H_{1/3\,D} \geqslant 2.0$ 和 $H_{max\,U}/H_{1/3\,U} \geqslant 2.0$(D 表示下跨零点法,U 表示上跨零点法),因此作者认为这种特征的畸形波在北海海域并不是稀有事件。然而 Olagnon[67]却持有不同的观点,通过分析在此海域采集到的 71 510 个波浪后发现,波高的分布并没有偏离 Rayleigh 分布,认为畸形波仍是小概率事件,现行的统计理论并没有低估畸形波的发生概率。

由以上论述可以看出,不同的研究学者对畸形波的发生概率问题持有不同的观点,这或许与畸形波发生的不确定性及外界影响因素有关。

1.2.3 畸形波生成机理的假说

尽管目前研究学者已经取得了一些实测畸形波的数据,但由于畸形波发生的概率较低,可靠的测量、分析结果甚少,仅从少量测量结果不能获得畸形波发展形成过程的全貌,因此还无法确定畸形波的成因,对其发生机理的研

---

① n mile:一种国际度量单位,1 n mile≈1 852 m。

究尚处于探索阶段。

从目前的畸形波记录来看,人们发现畸形波广泛存在于世界各大海域,任何水深、任何天气、有无洋流等条件下均有畸形波发生。

Mori 等人[52]对海上实测畸形波进行小波分析后发现,在畸形波发生的瞬时,谱中能量密度迅速集中并向高频部分转化。显然,同普通波相比,这是波浪能量高度集中的结果。由此,研究学者普遍认为波浪的能量聚焦可能是造成畸形波发生的机理之一,并尝试从能量聚焦的角度来解释畸形波现象,探寻可能造成波浪能量汇聚的原因。

Kharif 和 Pelinovsky[2]较系统地分析了畸形波的形成机理,认为畸形波的产生可能是由一种或几种原因引起的能量汇聚,如地形变化、波流的相互作用、风作用、波浪的线性叠加、波浪的非线性调制不稳定性等。

(1) 地形变化的影响

当波浪由深水传播至浅水域时会受地形的影响而产生折射,对于不规则的岸线,在某些特殊的区域可能导致波浪能量的汇聚[51]。

裴玉国[20]在实验室水槽中研究了随机波浪在一定坡度地形上的传播与变形,由模拟结果发现,在突然抬起的地形后有畸形波生成,并指出这种情况下产生畸形波的概率比完全平坦地形下产生畸形波的概率要高。

Sergeeva 等人[68]采用 KdV 方程研究了随机波浪在不规则地形上的传播与变形,由模拟结果发现,波高随地形的起伏而变化,且波高的分布偏离了 Rayleigh 分布,大波的发生概率随地形突变个数的增多而增大,相对于平坦地形上传播的波浪,变化地形上畸形波发生的概率明显提高。

(2) 波流的相互作用

White 和 Fornberg[69]讨论了波流相互作用与畸形波发生之间的关系:当深水波浪经过一个有弯曲段或变化海流的区域时,流的作用可类比成光学棱镜,将波浪能量汇聚到一个焦散区域,在该区域内波浪会演变成畸形波,即使仅为 10 cm/s 的流速,只要其流域范围足够大(达到 10 km 的量级),也能够引起空间聚焦。其中比较著名的是南非东南海岸的阿古拉斯海流,在 1981—1991 年的 11 年间,在此海域约有 14 艘大型船舶因遭到畸形波的打击而严重破坏。Chien 等人[51]对波流相互作用产生畸形波做了两方面的解释:一方面,波流反向引起的阻塞致使波浪能量在某一区域聚焦,从而导致畸形波的发生;另一方面,当浪向与流向相互垂直时,多相流会使波浪发生弯曲,从而导致波浪能量的集中。Lavrenov 和 Porubov[70]对波浪与空间不均匀流相互作用而产生畸形波的原因进行了归纳：①由波流相互作用而引起的波浪能量的放大；②由不均匀流的折射而引起的波高放大聚焦；③由浅水 KP 方程（Kadomtsev-Petviashvili equation）描述的波流交叉而引起的波波相互作用。

（3）风作用

风是海浪产生的主要原因，风速的大小决定着波浪的运动程度，因此畸形波的发生和风之间可能有一定的联系。Chien 等人[51]将风与畸形波产生之间的关系归结为"运动风暴中的能量不断向波中转移"，并对发生在我国台湾地区的近岸畸形波进行统计分析后发现，由风浪引起的近岸畸形波占近岸畸形波总量的 70%，可见，风是造成台湾地区近岸畸形波发生的重要原因。

Giovanangeli 等人[71]在实验室中研究了风对聚焦波群的影响，结果表明，在风与浪同向的情况下，波浪中的最大波高和传播持续时间随风速的增加而增大，直到波浪破碎。Yan 和 Ma[72]的计算结果也验证了这一点。

（4）波浪能量的线性叠加[73-75]

线性随机波浪理论基于窄谱假定，海浪是平稳的正态过程，波高的分布符合 Rayleigh 分布，波浪是由无数个不同振幅、不同频率、不同初相位和不同传播方向的余弦波叠加而成。极值大波的产生可以解释为在某一区域由大量组成波波幅的叠加而导致的能量集中。

（5）波浪的非线性调制不稳定性引起的波浪能量的聚焦

波浪的非线性调制不稳定性（nonlinear modulation instability），又称 B-F 不稳定性（Benjamin-Feir instability）、边带不稳定性（sideband instability），是指斯托克斯（Stokes）波对频率与载波的基频稍有差异的波产生的边带扰动是不稳定的，该现象最早由 Lighthill[76]发现，之后 Benjamin 和 Feir[77]以及 Zakharov[78]将该不稳定理论进行了发展，Feir[79]首次在试验中观察到了该不稳定现象。Lighthill[80]对该不稳定性作了直观解释：考虑一个缓慢调制包络的 Stokes 波列，在包络峰附近的波峰比在包络峰两边的波峰运动得快些，有使前面的波变短、后面的波拉长的趋势。在深水中波长较长的波的群速度较大，从后面输入能量的速率大于前面把能量传走的速率，因而能量在包络的峰处累积起来，必然使其峰高进一步加大；类似的，包络的谷的高度将趋于减小，从而引起了波列演化的不稳定性，该不稳定性可引起波列聚焦点处的边带扰动随时间呈指数增长，从而生成一个尺寸较大的波[28]。

总的说来，经过科研学者的不断研究探索，上述几种引起波浪能量汇聚的原因已经在试验或者数值模拟中得到了验证。但是，从现有实测资料看，畸形波可以在有流无流、天气好坏、深水浅水等多种条件下发生,上述原因可能不是畸形波发生的必要条件。实际的海浪是复杂多变的,受多种因素的影响,人们对其认识还远远不够,畸形波发生的真正原因还有待进一步研究。

1.2.4 畸形波的数值模拟

就目前而言,海浪及其相关研究的途径主要有现场观测研究、实验室内进行模拟研究和理论分析研究三种。由于海浪复杂多变,加上现场环境恶劣,进行现场观测耗费大量的人力、物力和财力,而理论研究目前还具有较大的局限性,因此很多相关的研究还依赖于室内的模拟[81]。

室内的模拟研究可分为物理模拟研究和数值模拟研究两种。物理模拟研究往往花费大、耗时长,但是模拟结果一般准确性好,可信度高。数值模拟研究借助先进的电子计算机,具有经济、方便等优点,日益受到人们的重视并获得广泛应用。

目前,畸形波的数值模拟较多见,有线性方法和非线性方法两大类。

线性方法常基于 Longuet-Higgins 模型。黄国兴[10]人工干预组成波的随机初相位的分布,在模拟时间足够长的波列中(包含约 2 600 个波浪)获得了畸形波,但模拟效率极低。Kriebel 等人[73,74]提出了一个波浪组合模型,即随机波加瞬态波模型,将组成波的频谱能量分为两部分,一部分用来产生随机波浪,另一部分用来产生瞬态波,随机波列和瞬态波列叠加从而形成了包含畸形波的波列,该模型实现了畸形波的定时定点生成。裴玉国[20]将 Kriebel 的双波列组合模型发展到三波列组合模型。刘晓霞[21]将上述组合聚焦模型扩展到三维,模拟了三维波浪场中畸形波的生成问题,比较了二维和三维情况下模拟得到的畸形波的区别。赵西增等人[22]提出了调制聚焦理论模型,同样实现了畸形波的定时定点生成。

模拟畸形波的非线性方法较多见,大都基于波浪的非线性调制不稳定性,常见的演化方程有 Zakharov 方程(the Zakharov equation)、非线性薛定谔方程(the nonlinear Schrödinger equation)、KDV 方程(the Korteweg-de Vries equation)、KP 方程(the Kadomtsev-Petviashvili equation)和完全非线性势能方程(the fully nonlinear potential equation)等[2,44,45,65,82],常用方法有高阶谱方法(the high-order spectral method)和边界积分方法(the boundary integral method)等[44,45,82]。

Kharif 和 Pelinovsky 等人[2,44,45]系统地总结了调制不稳定性在上述演化方程和方法中模拟产生畸形波的过程。

Mori 等人[83]采用高阶谱方法研究了高阶非线性作用下随机波浪的模拟,结果显示,在深水情况下高阶非线性作用增大了模拟波列中波峰高、最大波高和最大波高与有效波高的比,在浅水情况下则反之。其在深水中成功模拟出了具有孤立波峰的单个大波,认为高阶非线性是产生深水畸形波的一种原因。

Ducrozet 等人[84]基于高阶谱方法模拟了波浪在二维和三维波浪场中的演化问题,发现经过长时间的演化后,模拟波列中出现了畸形波,表明波浪的调制不稳定性是产生畸形波的原因,并研究了方向对三维畸形波波形的影响。

Kharif 等人[85]利用边界积分方法建立的数值水槽研究了风对波浪运动的影响。研究结果发现,与无风的情况下相比,与浪同向的风增加了畸形波的持久性。

庞红犁[13]在二维完全非线性数值波浪水槽中研究了极端波浪作用下小尺度桩柱的受力和极端波浪作用下结构物高频共振响应,指出包含高频成分的极端波浪可使结构物产生高频共振响应,从而可能造成结构物损坏。

张运秋[28]基于修正的四阶非线性薛定谔方程(mNLS)及伪谱数值方法建立了非线性波浪数值模型,模拟了边带扰动条件下和随机波条件下畸形波的生成,并将数值计算结果和相应的物理模型试验结果进行了比较验证。结果表明,数值计算能够有效地模拟深水波列的演化和畸形波的生成。

赵西增[32]在基于高阶谱方法建立的二维波浪水槽内开展了波浪的传播、变形和不稳定性的数值研究,重点分析了不同波长波浪的非线性运动问题。

刘首华[35]采用第三代海浪模式(WAVEWATCH Ⅲ)进行数值模拟,分析了台风情况下畸形波的统计特性,讨论了 BFI(波陡和谱宽度的比值)不稳定因子和海浪各个参数变化与畸形波发生之间的联系。

尽管模拟畸形波的非线性方法较多见,考虑了波浪的非线性相互作用,满足波浪运动的控制方程和边界条件,有助于研究畸形波的发生机理,但是非线性方法计算量大,不易于工程应用,且很难应用于实验室模拟造波,不利于开展与畸形波相关的物理模拟试验研究;而基于 Longuet-Higgins 模型的线性方法是实验室模拟产生畸形波的有效手段和常用方法,简单易用,操作灵活;在获取天然畸形波极为困难的情况下,借助该模型能够实现畸形波的实验室可控制生成,进而可以开展与畸形波相关的物理模拟研究,因此基于该模型模拟畸形波具有十分重要的意义。

1.2.5 畸形波的物理模拟及其对结构物的作用

畸形波发生的不可预测性和偶然性,为外海研究畸形波带来了极大困难,因此实验室模拟畸形波成为研究畸形波有关特性的重要手段和有效方式。国内外一些学者在实验室开展了畸形波的生成及其对结构物作用的相关研究,目前已经取得了一些成果。

Sundar等人[37]利用波浪聚焦的方法生成畸形波,研究了畸形波和常规随机波浪对倾斜圆柱体周围压力分布的影响区别,通过对比分析后指出,对于所有的倾斜角度,圆柱体周围压力零阶谱矩随着波浪零阶谱矩的增加而增加,动压力的四个非对称因子的平均值及有效值(三分之一平均)基本是相同的,然而最大值却有很大的偏差。

Sparboom等人[38]利用波群聚焦的方法准确控制和改变畸形波的发生位置,在此基础上研究了畸形波对倾斜圆柱的抨击作用,指出圆柱体向迎浪向倾斜一个小角度的位置是其受到最大抨击力的位置。

Kim等人[39]在实验室复演了"新年波"的波面序列,对比了"新年波"与同等波高的五阶Stokes波的质点速度及其对圆柱水平力的区别。研究结果发现,"新年波"的最大质点速度可以达到五阶Stokes波最大质点速度的2.4倍,"新年波"作用下圆柱受到的最大水平总力是五阶Stokes波作用下的2.8倍。

Wu和Yao[86]在实验室水槽中利用反向流的放大作用产生了畸形波,研究发现,频谱结构(如谱的倾斜度和谱宽)对畸形波的形成以及几何属性起到关键性的作用。实验结果表明,由于波浪色散聚焦,随机波浪域并不能阻止畸形波的形成,强对流明显提高了畸形波的波陡和不对称性。

Giovanangeli和Kharif等人[71,85]在实验室水槽中进行了风对瞬态波聚焦作用的试验(风与波向相同),结果表明,在有风的情况下,畸形波的振幅比无风情况下的高,畸形波的聚焦地点要比无风情况下的远;并从理论上对该现象进行了分析,认为这种现象可以用抛物面方程中散射关系的多普勒动力学效应来解释。

Voogt和Buchner[40]在实验室中研究了畸形波对浮体结构的作用后指出,畸形波不能仅从波高的角度来定义,而应该兼顾具有强大破坏力的前波陡。

Mori等人[75]在挪威船舶技术研究所的长水槽中进行了波浪的调制不稳

定性试验,分析了波高数据中峰度和出现大波概率的关系,结果发现,随着峰度的增大,波列中出现大波的概率随之增高。

Clauss 等人[41]通过研究畸形波对 FPSO 的作用后指出,由于畸形波会对结构物产生极大的受力和运动响应,建议在结构安全设计中考虑畸形波的影响。

裴玉国[20]在实验室水槽中采用随机波加瞬态波方法模拟了畸形波的生成,研究了畸形波的相关特性。

赵西增[32]在水槽中开展了波浪要素对随机波浪中出现畸形波影响的试验研究,探讨了畸形波的发生和波浪破碎的关系,指出波浪的破碎抑制了畸形参数 H_{max}/H_s 的增长。

总的来说,畸形波的实验室模拟研究逐步展开,但大都限于二维情况;畸形波与结构物作用也仅局限于圆柱体和浮体结构等个别问题的探索阶段,畸形波对直墙式结构物作用的研究尚未见报道。若要深入研究畸形波对结构物的作用,找出畸形波对结构物作用的普遍规律,还有待于畸形波发生机理研究方面的突破。

1.3 本书的主要工作

本书首先回顾总结了现有基于 Longuet-Higgins 模型模拟畸形波的方法,指出其存在的缺点和不足,提出了一种模拟畸形波的相位调制新方法,从数值模拟和物理模拟两方面对该模型进行了验证。基于该模型,数值试验讨论了畸形波特征参数和模拟效率的影响因素,模拟了实测含有畸形波的波列;将该数值模型应用到实验室模拟畸形波,研究了畸形波的有关特性;最后,对比了畸形波和常规随机波浪对直墙式结构物作用的区别,为结构物的安全设计提出了建议。主要内容如下:

第 2 章为理论基础和回顾总结部分。介绍了随机波浪的模拟方法和要求,指出了现有聚焦模型模拟畸形波的方法存在的缺点和不足。

第 3 章为新数值模型的建立、验证及相关的探讨部分。介绍了相位调制新方法模拟畸形波的原理和方法,验证了该数值方法的有效性,探讨了畸形波特征参数和模拟效率的影响因素,并与已有方法进行了比较,为推广和应用本书的数值方法提供了重要基础。

第 4 章将本书的数值方法加以应用,模拟外海实测含有畸形波的波序。

将数值计算得到的包含畸形波的波列转化为造波机的驱动信号,在实验室二维水槽中成功实现了畸形波的定时定点生成;并从数值模拟和物理模拟模拟两方面来模拟多个海上实测畸形波的波序,验证了本书数值方法的适用性和有效性。

第5章在实验室物理生成畸形波的基础上,研究了畸形波的空间演化、生存时间和传播距离等相关特性。

第6章借助一个工程实例监测近岸波浪场中畸形波的存在情况,探索性地研究了核电厂取水构筑物异常点压力和近岸畸形波的关系,对比了畸形波和常规随机波浪作用下取水构筑物受到的点压力和水平总力的区别,指出了畸形波的异常性,提出了结构物安全设计方面的建议。

最后给出了本书的结论与展望。

2 基于 Longuet-Higgins 模型的畸形波模拟方法

畸形波是随机波浪的一种特殊现象,目前基于 Longuet-Higgins 模型模拟[36,81]是实验室模拟随机波浪常用的方法。根据线性波浪理论计算出的波高应符合 Rayleigh 分布[36],如果完全基于波浪的随机性模拟畸形波,那么大约 3 000 个波浪中才会出现 1 个畸形波,因此该方法不被实验室采用。为了便于开展畸形波的相关研究,首先需要通过数值模拟的方法在有限的空间和时间内产生畸形波,为实验室模拟畸形波提供前提条件。

在至今提出的基于 Longuet-Higgins 模型数值模拟畸形波的方法中,主要包括:①随机波加瞬态波模型[20,73,74];②调制聚焦理论模型[22],该模型分为相位角分布范围调制聚焦模型和部分组成波聚焦模型两种。至于黄国兴[10]提出的部分组成波初相位相同模型,具有不易控制畸形波的生成时间和生成大小及模拟效率低等缺点,所以该方法通常不被采用。经分析发现,①和②两种模型都存在缺点和不足。本章将对这两种模型进行分析,指出其存在的缺点和不足,为本书新方法的建立提供支持。首先介绍随机波浪的模拟方法及模拟要求,在此基础上,分析现有模拟畸形波的方法存在的不足和缺点。

为便于以后新方法与之对比,采用严格的畸形波定义,即畸形波需满足 $\alpha_1 \geqslant 2.0$, $\alpha_2 \geqslant 0.65$, $\alpha_3 \geqslant 2.0$ 和 $\alpha_4 \geqslant 2.0$ 四个条件。

2.1 随机波浪的模拟及要求

海浪是一种高度复杂不重复的随机过程。19 世纪 50 年代初,皮尔生(Pierson)最先将瑞斯(Rice)关于无线电噪音的理论应用于海浪模拟并提出了能量谱(海浪谱)的概念,从此利用谱以随机过程描述海浪成为主要的研究波浪的途径,至今已提出了多种描述海浪的数值模型,其中最常用的是 Longuet-Higgins 模型[36,81]。

迄今为止提出的多种谱型中,最常用的是 JONSWAP 谱[87],其表述式如下:

$$S(f) = \beta_J H_{1/3}^2 T_p^{-4} f^{-5} \exp\left[-\frac{5}{4}(T_p f)^{-4}\right] \gamma^{\exp[-(f/f_p-1)^2/2\sigma^2]} \quad (2.1)$$

式中:$\beta_J = \dfrac{0.06238(1.094-0.01915\ln\gamma)}{0.230+0.0336\gamma-0.185(1.9+\gamma)^{-1}}$;$\sigma = 0.07(\omega \leqslant \omega_m, \omega_m = 2\pi/T_p)$ 或 $\sigma = 0.09(\omega > \omega_m)$;$H_{1/3}$ 为有效波高;f_p 为谱峰频率;T_p 为相应的谱峰周期;γ 为谱峰升高因子,引入 γ 是为了说明谱的宽窄,γ 越大,谱越窄,谱峰值越大,能量越集中。作为示例,图 2.1 给出了在其他参数相同的情况下不同 γ 对谱型的影响。

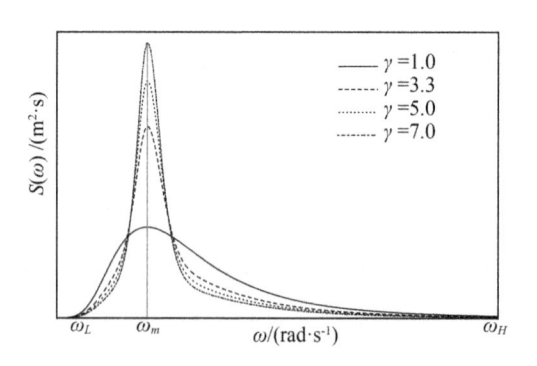

图 2.1 γ 对谱型影响示意图

对于常规随机波浪的模拟,某一固定点的波面方程可以由无数个随机的余弦波线性叠加来描述:

$$\eta(x,t) = \sum_{i=1}^{M} \eta_i(x,t) = \sum_{i=1}^{M} a_i \cos(k_i x - \omega_i t + \theta_i) \quad (2.2)$$

式中:M 为组成波数;$\eta_i(x,t)$ 为第 i 个组成波的波面相对于静水面的瞬时高度;a_i 为第 i 个组成波的振幅,$a_i = \sqrt{2S(\omega_i)\Delta\omega}$;$k_i$ 和 ω_i 分别为第 i 个组成波的波数和圆频率,$\omega_i^2 = gk_i \tanh(k_i d)$,$d$ 为水深;θ_i 为第 i 个组成波的初相位。

谱频范围 $\omega_L \sim \omega_H$ 的选取,取决于所要求的精度,一般 ω_L 可设为零,高频

截断频率 ω_H 取 3~4 倍的谱峰频率已经足够[81]。

通常模拟随机波浪时,组成波的初相位 θ_i 是在 $(0, 2\pi)$ 范围内均匀分布的随机数;组成波数 M 一般取 50~100[81]。

图 2.2 给出了一组模拟随机波浪的时间序列示例,模拟参数取有效波高 $H_s = 2.0$ m,谱峰周期 $T_p = 7.0$ s,水深 $d = 40$ m,谱峰升高因子 $\gamma = 3.3$,高频处截断频率为 4 倍的谱峰频率,组成波数取 $M = 100$。

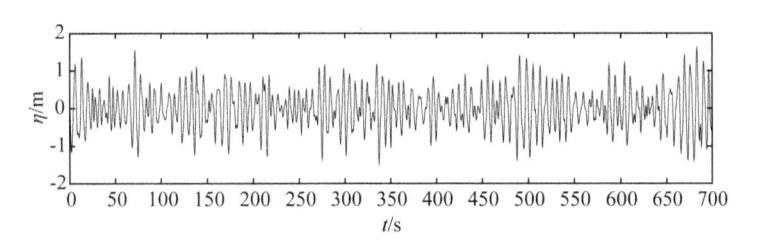

图 2.2　随机波浪模拟示例

随机波浪模拟要求模拟波浪的统计特性与实际海况一致,如有效波高、有效波周期或谱峰周期的相似,深水波高应符合 Rayleigh 分布等,同时模拟波浪的频率谱要保持目标谱的真实结构。原中华人民共和国交通部发布的《波浪模型试验规程》[88](JTJ/T 234—2001)规定有效波高、有效波周期或谱峰周期的允许偏差为 ±5%。

Longuet-Higgins 通过分析大量的海上波高实测资料,证明深水海域的波高分布符合 Rayleigh 分布[36],其表述的波高超值累积概率为:

$$F(H) = \exp[-2.0(H/H_s)^2] \tag{2.3}$$

在图 2.2 所示的模拟随机波列中,其统计有效波高 $H_{1/3} = 1.99$ m,与输入有效波高 $H_s = 2.0$ m 的相对误差为 0.5%,满足上述规程中要求的偏差在 ±5% 以内。

模拟波浪谱和目标谱的对比如图 2.3 所示,模拟波浪的波高超值累积概率的分布与 Rayleigh 分布的比较如图 2.4 所示。

由图 2.3 可以看出,模拟波浪谱保持了目标谱的结构,谱峰频率即谱峰周期几乎一致;由图 2.4 可以看出,模拟波浪的波高超值累积概率分布与 Rayleigh 分布吻合很好。

上述计算结果表明图 2.2 所示的模拟结果满足随机波浪的模拟要求,模拟结果有效。

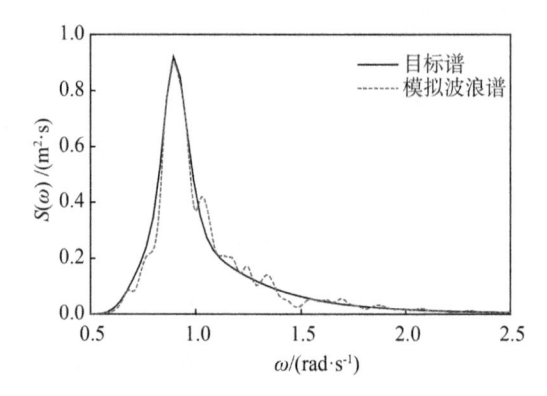

图 2.3 模拟波浪谱与目标谱的比较

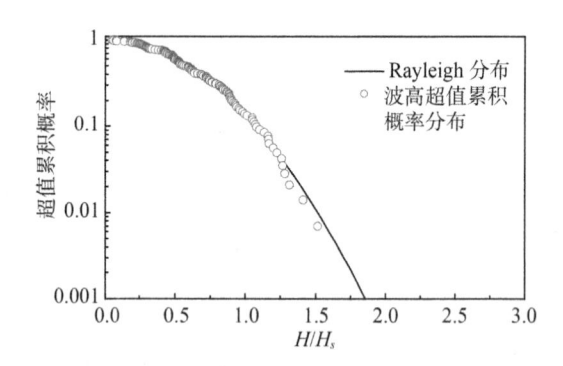

图 2.4 波高超值累积概率分布和 Rayleigh 分布的比较

2.2 模拟畸形波的有效模型

下面对已有模拟畸形波的有效模型进行分析,探讨其存在的缺点和不足,主要从模拟结果是否满足随机波浪的模拟要求、畸形波模拟效率和满足畸形波定义三个方面进行探讨。

作为演示性示例,数值条件取为:目标谱采用 JONSWAP 谱,有效波高 $H_s=2.0$ m,谱峰周期 $T_p=7.0$ s,水深 $d=40$ m,谱峰升高因子 $\gamma=3.3$,高频处截断频率为 4 倍的谱峰频率,设聚焦位置为 $x_c=0$ m 和 $t_c=150$ s。

为了数值处理简洁,本节只给出波面时间过程。

2.2.1 随机波加瞬态波模型

Kriebel[73]提出了一个模拟畸形波的方法:假设一个包含畸形波的波列由随机波列和瞬态波列两部分组合而成,将整个波列的能量分为 P_1 和 P_2 两部分,P_1 用来产生随机波列,P_2 用来产生瞬态波列。此时,波面方程式(2.2)可表示为:

$$\eta(x,t) = \eta_1(x,t) + \eta_2(x,t) \\ = \sum_{i=1}^{M} a_{1i}\cos(k_i x - \omega_i t + \theta_i) + \sum_{i=1}^{M} a_{2i}\cos[k_i(x-x_c) - \omega_i(t-t_c)] \tag{2.4}$$

式中: $a_{1i} = \sqrt{2P_1 S(f_i)\Delta f}$,$a_{2i} = \sqrt{2P_2 S(f_i)\Delta f}$,$P_1 + P_2 = 1$。

裴玉国[20]讨论了不同能量配比情况下畸形波的模拟,指出若将瞬态波列再平均分为两个瞬态波列,两个瞬态波列和随机波浪组合的三波列模型的模拟结果优于一个瞬态波列和随机波列叠加的双波列模型的模拟结果。三波列叠加模型的波面方程为:

$$\eta(x,t) = \eta_1(x,t) + \eta_2(x,t) + \eta_3(x,t) \\ = \sum_{i=1}^{M} a_{1i}\cos(k_i x - \omega_i t + \theta_i) + \sum_{i=1}^{M} a_{2i}\cos[k_i(x-x_c) - \\ \omega_i(t-t_c)] + \sum_{i=1}^{M} a_{3i}\cos[k_i(x-x_c) - \omega_i(t-t_c)] \tag{2.5}$$

式中: $a_{1i} = \sqrt{2P_1 S(f_i)\Delta f}$,$a_{2i} = \sqrt{2P_2 S(f_i)\Delta f}$,$a_{3i} = \sqrt{2P_3 S(f_i)\Delta f}$,$P_1 + P_2 + P_3 = 1$。

裴玉国[20]通过数值计算指出,当瞬态波占有能量比例太小时,瞬态波起不到应有的作用;当瞬态波占有能量比例大于20%时,会严重影响模拟波列的有效波高;当瞬态波占有能量比例在15%和20%时,模拟波列中可以出现不小于2.0倍有效波高的大波,又不会过多影响模拟波列的统计有效波高。同时他还指出,当组成波数较少时,模拟结果很不理想,瞬态波起不到应有的作用,不易形成满足严格定义的畸形波;当组成波数 $M=240$ 时,模拟结果中可以出现满足严格定义的畸形波。

现采用上述结论进行模拟计算。

图 2.5 给出了一个模拟示例,组成波数 $M=240, P_1=0.8, P_2=0.1, P_3=0.1$。

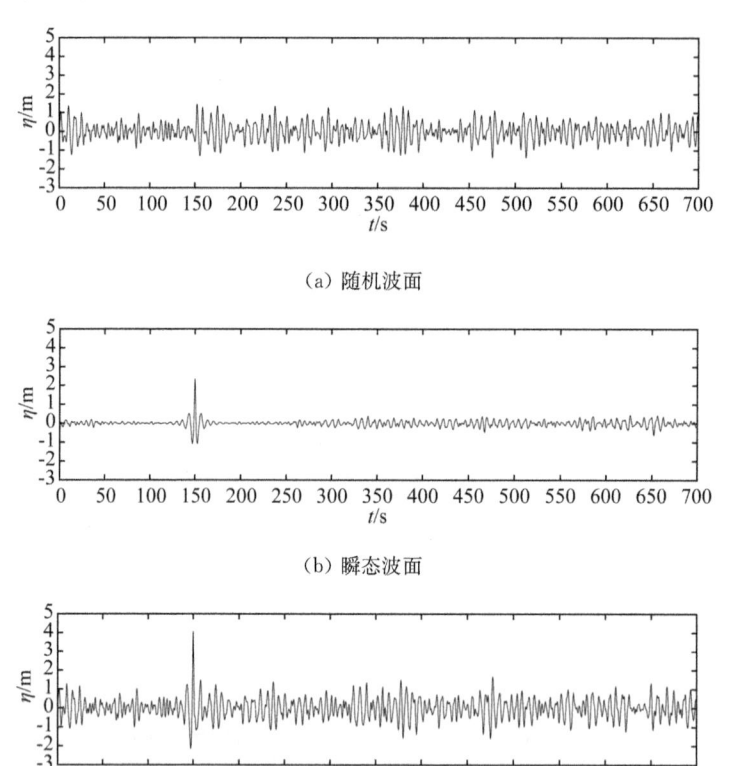

(a) 随机波面

(b) 瞬态波面

(c) 合成波面

图 2.5 随机波加瞬态波模拟畸形波波列示例

在图 2.5 所示合成波面中,统计有效波高 $H_{1/3}=2.05$ m,最大波高 $H_{max}=6.20$ m,对应的波峰高 $\eta_c=4.07$ m。畸形波特征参数 $\alpha_1=3.02, \alpha_2=0.66, \alpha_3=2.92, \alpha_4=2.36$,满足畸形波定义的全部条件。

模拟合成波面的波浪谱和目标谱的对比如图 2.6 所示,图 2.7 给出了合成波面中波高的超值累积概率分布与 Rayleigh 分布的比较。

由图 2.6 可以看出,模拟合成波面的波浪谱与目标谱谱型不吻合,谱峰周期的相对误差为 10%,超过了规定的 5%以内,表明模拟波浪谱改变了目标谱的真实结构。

由图 2.7 可以看出,除了畸形波一个点高于 Rayleigh 分布以外,模拟波浪的波高分布符合 Rayleigh 分布。

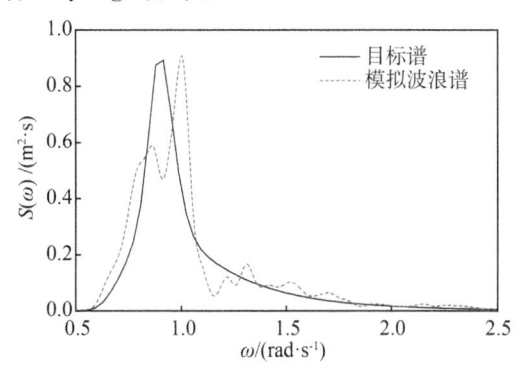

图 2.6　模拟合成波面的波浪谱与目标谱的比较

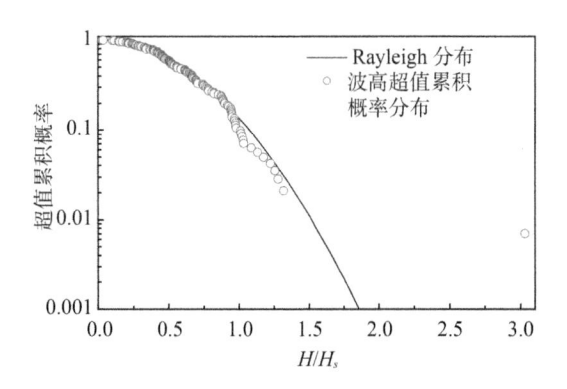

图 2.7　合成波面的波高超值累积概率分布和 Rayleigh 分布的比较

本算例表明,虽然模拟波浪的统计有效波高满足要求,波列中也出现了满足全部定义的畸形波,但是,模拟波浪谱改变了目标谱的真实结构,不满足随机波浪的模拟要求。

为进一步考察该模型模拟结果中有效波高的合理性及畸形波特征参数,特进行了 500 组不同波序的数值模拟试验,对模拟波列中有效波高的相对误差以及畸形波主要特征参数 α_1 和 α_2 进行统计。模拟参数取 $M=240$, $P_1=0.8$, $P_2=0.1$, $P_3=0.1$。图 2.8 给出了模拟结果中有效波高的相对误差,图 2.9 给出了模拟结果中 α_1 和 α_2 的分布。

由图 2.8 和图 2.9 不难看出,$M=240$ 时,该模型存在以下问题:

(1) 模拟波浪有效波高的相对误差大都超过 5%。(2) 模拟波列中有半数的畸形波能够满足 $\alpha_2 \geqslant 0.65$,但是 α_1 的值均较大,大都为 3.0~3.8,而 α_1 在 2.0~

3.0 时出现空缺。(3)对于模拟 $\alpha_2 \geqslant 0.7$ 的畸形波,该方法还很难实现。

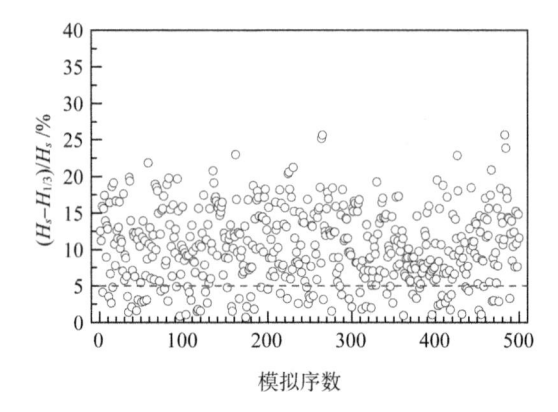

图 2.8 $M=240$ 时 500 组模拟波列中有效波高的相对误差

(a) α_1 的分布

(b) α_2 的分布

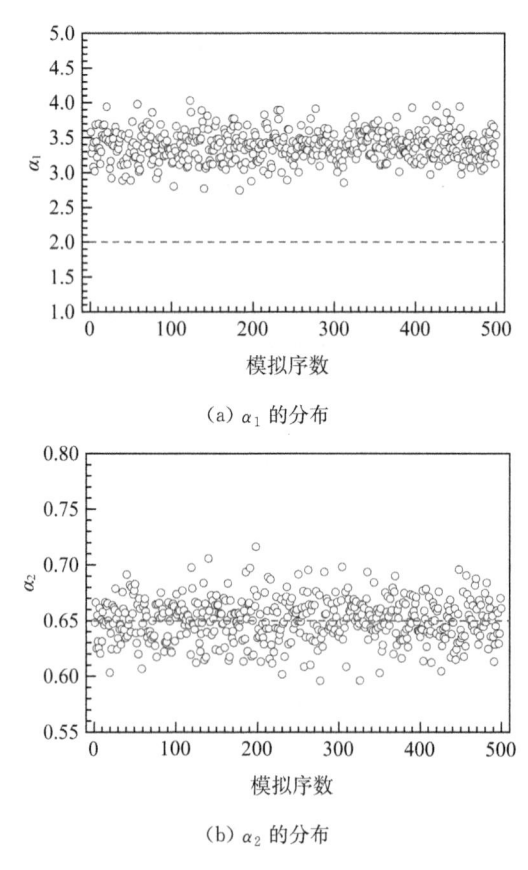

图 2.9 $M=240$ 时 500 组模拟波列中 α_1 和 α_2 的分布

上述 500 组模拟波列中,满足严格定义的畸形波的个数仅为 52 个。

若组成波数取 $M=90$,同样进行 500 组不同波序的模拟试验,考察模拟结果中有效波高的相对误差及 α_1 和 α_2 的值,结果如图 2.10 和图 2.11 所示。

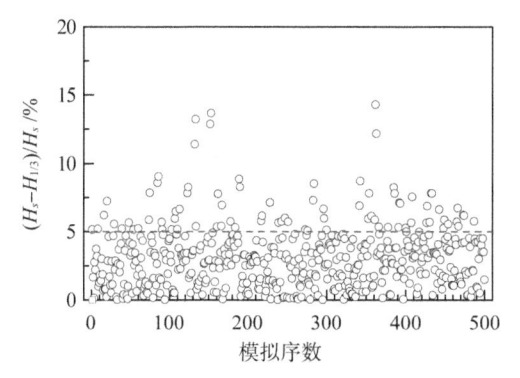

图 2.10 $M=90$ 时 500 组模拟波列中有效波高的相对误差

(a) α_1 的分布

(b) α_2 的分布

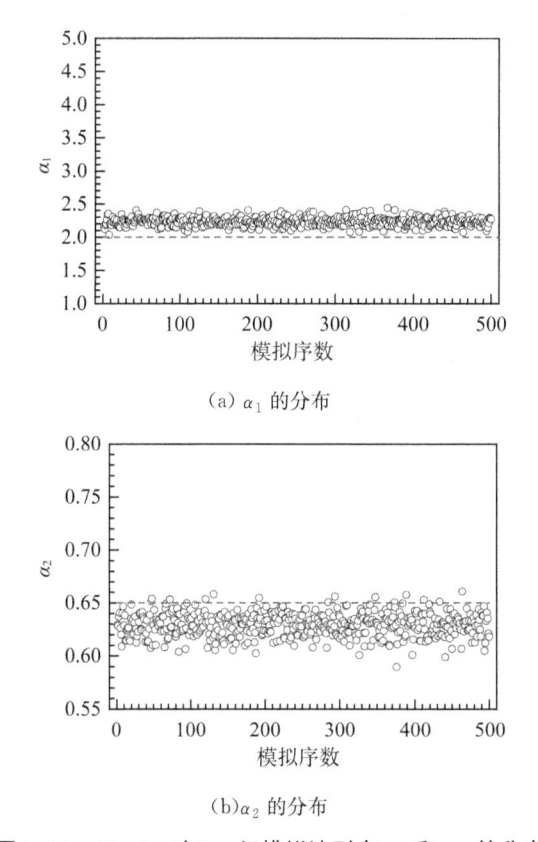

图 2.11 $M=90$ 时 500 组模拟波列中 α_1 和 α_2 的分布

由图 2.10 可以看出,模拟波浪的有效波高的相对误差大都满足小于等于 5%的要求。由图 2.11 可以看出,α_1 的值为 2.1~2.4,然而 α_2 的值为 0.60~0.65,大都小于 0.65。因此,当 $M=90$ 时,模拟波列中很难出现满足全部定义的畸形波。

该工况下 500 组不同模拟波序中出现满足全部定义的畸形波的个数仅为 6 个。

以上分析可以看出,随机波加瞬态波模型可能改变目标谱的结构,在满足畸形波定义和满足波浪统计特性之间存在矛盾;若要满足波浪的统计特性,模拟波列中很难出现畸形波;若要出现畸形波,模拟波列大都不满足波浪的统计特性。

2.2.2 调制聚焦理论模型

为实现在随机波浪序列中模拟产生畸形波,需要将组成波的能量集中。通常情况下,能量集中可通过调整部分组成波随机初相位的分布来实现,初相位的分布代表着波浪能量的集中程度。

为实现畸形波的定时定点生成,须使波浪能量在指定的空间、时间聚焦,赵西增等人[22]借鉴瞬态波面方程的形式,将波面方程式(2.2)写为:

$$\eta(x,t) = \sum_{i=1}^{M} a_i \cos[k_i(x-x_c) - \omega_i(t-t_c) + \theta_i] \quad (2.6)$$

式中:x_c 和 t_c 分别为波浪聚焦的地点和时间。如果 $\theta_i=0(i=1,\cdots,M)$,则方程(2.6)为瞬态波面方程的形式;如果 θ_i 在 $(0,2\pi)$ 均匀随机分布,则方程(2.6)依然是随机波浪的模拟方程。为实现波浪能量的汇聚,需要调制组成波随机初相位的分布。

调制组成波初相位的方法,有调制相位角分布范围和调制使部分组成波初相位相同两种方法。

(1) 相位角分布范围调制聚焦模型

若缩小组成波随机初相位的分布范围,则组成波能量分布就相对集中。

组成波数 $M=100$。令 θ_i 在 $(0,\beta)$ 范围内随机分布,β 等于 $1.0\pi,1.2\pi,1.4\pi,1.6\pi,1.8\pi,2.0\pi$ 等。图 2.12 给出了各组成波的初相位在不同分布范围内时模拟波列中 α_1 的变化。

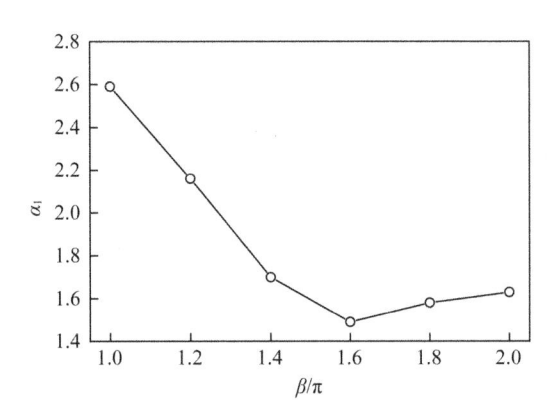

图 2.12 α_1 的值随相位角分布范围的变化趋势

由图 2.12 可见，在 β 为 $1.0\pi \sim 1.6\pi$ 范围内，相位角分布范围越小，模拟波列中 α_1 的值越大，表明波浪能量在聚焦点越集中，当 $\beta=1.0\pi$ 和 1.2π 时，α_1 的值分别为 2.59 和 2.16。图 2.13 给出了 $\beta=1.0\pi$ 和 $\beta=1.2\pi$ 时模拟结果的波面时间序列（简称为模拟波列）。

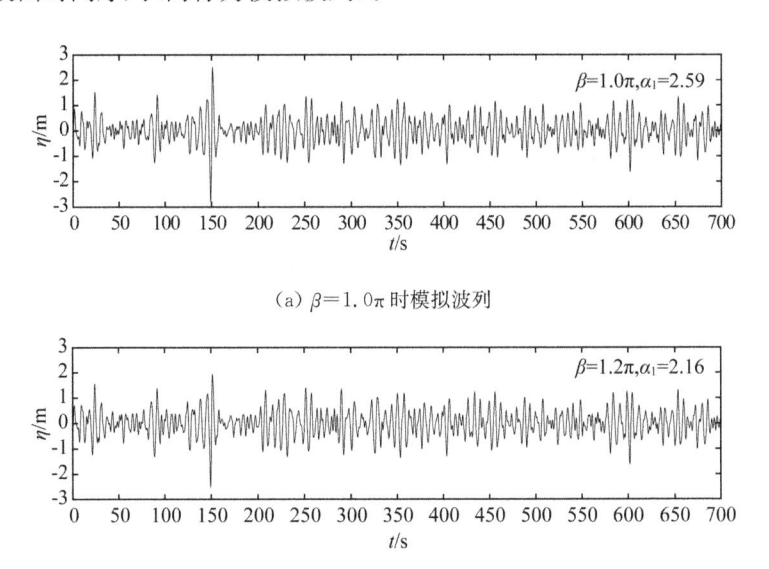

(a) $\beta=1.0\pi$ 时模拟波列

(b) $\beta=1.2\pi$ 时模拟波列

图 2.13 $\beta=1.0\pi$ 和 $\beta=1.2\pi$ 时的模拟波列

当 $\beta=1.0\pi$ 和 $\beta=1.2\pi$ 时，模拟波列的有效波高分别为 2.02 m 和 2.04 m，与输入有效波高的相对误差在 5% 以内；模拟波浪谱和目标谱的对比如图

2.14所示,波高超值累积概率分布和Rayleigh分布的比较如图2.15所示。

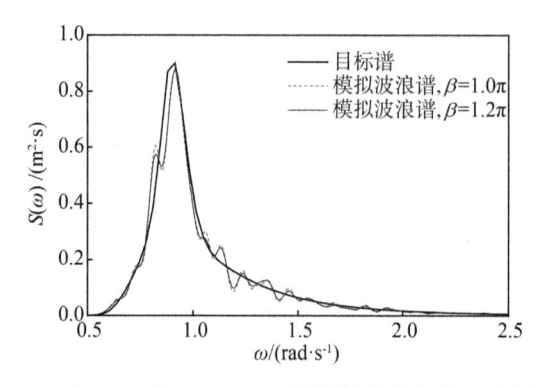

图 2.14 $\beta=1.0\pi$ 和 $\beta=1.2\pi$ 时模拟波浪谱与目标谱的比较

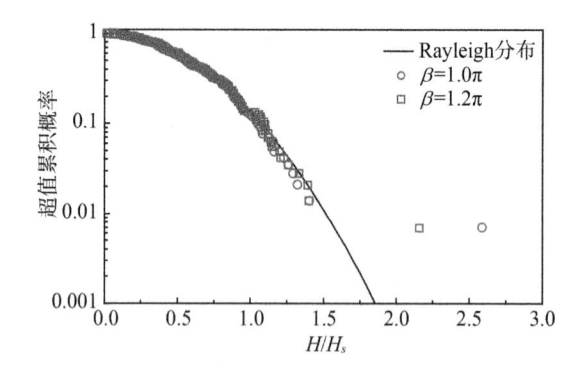

图 2.15 $\beta=1.0\pi$ 和 $\beta=1.2\pi$ 时模拟波列中的波高超值累积概率分布和Rayleigh分布的比较

由图2.14可以看出,模拟波浪谱保持了目标谱的结构;由图2.15可以看出,除畸形波一个点偏离Rayleigh分布以外,波高的超值累积概率分布基本符合Rayleigh分布。因此,该方法模拟结果满足随机波浪的模拟要求,模拟结果有效。

在 $\beta=1.0\pi$ 和 $\beta=1.2\pi$ 模拟结果中,虽然都满足畸形波定义的主要条件 $\alpha_1 \geqslant 2.0$,但是其 α_2 的值分别为0.47和0.44,不满足畸形波定义的次要条件 $\alpha_2 \geqslant 0.65$。为了尽量消除随机性对模拟结果的影响,特选取 $\beta=1.0\pi$ 的工况,在该工况下进行500组不同波序的模拟试验,考察模拟波序中 α_1 和 α_2 的值。模拟结果如图2.16所示。

(a) α_1 的分布

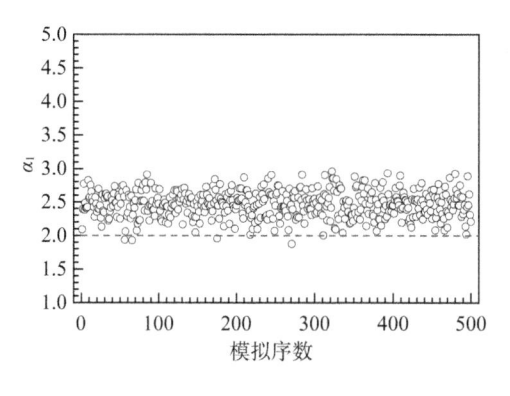

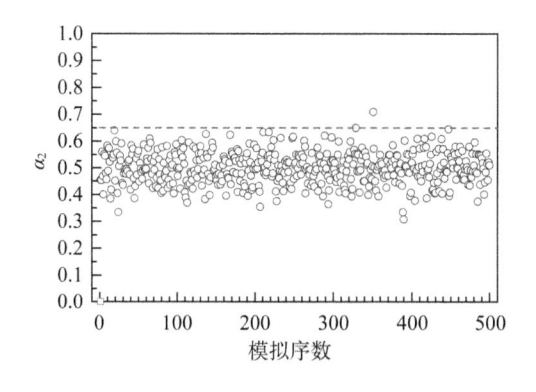

(b) α_2 的分布

图 2.16 $\beta=1.0\pi$ 时 500 组模拟波列中 α_1 和 α_2 的分布

从图 2.16 中可见,该工况下 α_1 的值大都分布在 2.2~2.8 之间,α_2 的值大都分布在 0.4~0.6 之间。

由此可见,该方法极易产生满足 $\alpha_1 \geqslant 2.0$ 的畸形波,但很难模拟产生 $\alpha_2 \geqslant 0.65$ 的畸形波;对于模拟严格定义的畸形波,该方法模拟效率很低,适用性差。

上述 500 组模拟波列中满足严格定义的畸形波出现的个数为 0 个。

(2) 部分组成波聚焦模型

若调整部分组成波的初相位为零,则由式(2.6)可以看出该模型演变为随机波加瞬态波的组合模型,通过给定瞬态波的发生地点 x_c 和时间 t_c,从而达到控制畸形波生成的目的。调整部分组成波的初相位为零的方法是依次令 M 个随机初相位的 1/7(如组成波序数中第 7 个、第 14 个、第 21 个等)、

1/6、1/5、1/4、1/3、1/2 等为零。

与随机波加瞬态波模型类似,当组成波数较少时,瞬态波起不到应有的作用,因此,该方法要求较多的组成波数;瞬态波占有能量将影响整个波列的统计特性,因此,初相位为零比例不能太高。在此以 $M=240$ 为例,选取 1/3 初相位为零,通过一组模拟示例来说明模拟结果的合理性。

图 2.17 给出了该组模拟波列。

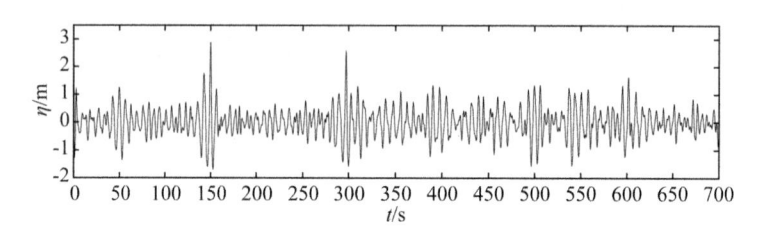

图 2.17　1/3 随机初相位为零时包含畸形波的模拟波列

从图 2.17 中发现,波列中出现波能重复聚焦现象,除了在预定 150 s 出现波能聚焦外,还在 297 s 也出现了波能聚焦,两处的最大波高 $H_{\max}$ 分别为 4.56 m 和 4.14 m,α_1 分别为 2.2 和 2.01。该方法干扰了除预定聚焦点以外的波浪的随机性,模拟结果不合理。

赵西增等人[22]取组成波数 $M=1\,000$ 来尽量避免波能重复聚焦现象,然而 1 000 的组成波数是一个比较庞大的数字,带来了巨大的计算量,而通常模拟随机波浪时,组成波数 M 一般取 $50\sim100$[81]。因此,就不再考察该模型在 $M=1\,000$ 情况下的畸形波模拟效率和畸形波特征参数。

2.3　本章小结

现有模拟方法实现了畸形波生成时间和地点的可控性,但存在一些问题:

(1) 随机波加瞬态波模型受瞬态波占有能量和组成波数的制约,模拟结果可能改变目标谱的结构。该模型在满足畸形波定义和满足波浪统计特性之间存在矛盾,若要满足波浪的统计特性,模拟波列中很难出现畸形波;若要出现畸形波,模拟波列大都不满足波浪的统计特性。对于模拟 $\alpha_2 \geqslant 0.7$ 的畸形波,该方法还很难实现。

(2) 对于调制聚焦理论模型,相位角分布范围调制聚焦模型易满足 $\alpha_1 \geqslant 2.0$,但不易形成满足 $\alpha_2 \geqslant 0.65$ 的畸形波,极难出现满足严格定义的畸形波。

部分组成波聚焦模型容易出现波能重复聚焦现象，干扰了除预定聚焦点以外的波浪的随机性，模拟结果不合理。此外，调制聚焦理论模型不能满足组成波初相位在 $(0,2\pi)$ 范围内随机分布的要求。

因此需要寻求新的模拟方法以克服上述缺点和不足。

3 相位调制新方法

本章将建立一种数值模拟畸形波的相位调制新方法,给出该方法的理论模型,并予以验证。

畸形波是随机波浪的一种特殊现象,因此,通常具有不同的波形特征,而目前,有关畸形波的模拟方法中均未讨论模拟不同特征畸形波时应采取的相关措施。通过分析畸形波特征参数的影响因素,可以调控生成不同特征的畸形波,为畸形波的可控制生成提供参考依据,因此本书有必要讨论数值模型中不同输入参数对模拟结果的影响。

模拟效率是考察一种数值方法优越性和应用价值的重要指标,是推广和普及一种数值方法的基础和前提,然而目前有关畸形波的模拟方法中均未讨论畸形波的模拟效率以及影响模拟效率的相关因素问题。

鉴于此,本章在建立新数值模型的基础上,讨论不同输入参数对畸形波特征参数和畸形波模拟效率的影响,并与已有方法进行对比,考察新方法的优越性。为了方便使用本模型快速有效地模拟出畸形波,本章推荐给出采用本书的数值模型模拟畸形波时宜采用的参数取值范围。

为了便于综合分析畸形波特征参数和模拟效率的影响因素,本章采用严格的畸形波定义,即畸形波需满足 $\alpha_1 \geqslant 2.0$,$\alpha_2 \geqslant 0.65$,$\alpha_3 \geqslant 2.0$ 和 $\alpha_4 \geqslant 2.0$ 四个条件。

3.1 理论模型

为了实现在随机波浪序列中模拟产生畸形波,需要组成波的能量集中。通常情况下,可通过调整部分组成波的初相位来实现。如果不加控制地调整部分组成波的初相位，会导致数值模拟随机波浪序列的统计特性与天然海浪的统计特性不符，且可能改变波浪谱的结构。为此，本书提出如下调制部分组成波初相位的新方法，实现在随机波浪序列中模拟产生畸形波。该方法要求达到三个目的：①定点、定时数值模拟生成畸形波；②模拟波浪序列的统计特性与天然海浪的统计特性相一致；③模拟波列的波浪谱与目标谱吻合。部分组成波初相位调制新方法描述如下：

设在位置 $x=x_c$ 和时刻 $t=t_c$ 时产生畸形波，调制部分组成波的初相位 θ_i，使其满足在预定位置 $x=x_c$ 和时刻 $t=t_c$ 时 $\eta_i(x_c,t_c)$ 为正，则该部分组成波在此叠加形成大波。

令组成波数 $M=M_1+M_2$，式(2.2)可以写为：

$$\eta(x,t)=\sum_{i=1}^{M_1}a_i\cos(k_ix-\omega_it+\theta_i)+\sum_{i=M_1+1}^{M}a_i\cos(k_ix-\omega_it+\theta_i) \tag{3.1}$$

令

$$\eta_1(x,t)=\sum_{i=1}^{M_1}a_i\cos(k_ix-\omega_it+\theta_i) \tag{3.2}$$

$$\eta_2(x,t)=\sum_{i=M_1+1}^{M}a_i\cos(k_ix-\omega_it+\theta_i) \tag{3.3}$$

在此令最后 M_2 个组成波的合成波面 $\eta_2(x,t)$ 在预定位置和时间聚焦出现大波，则需要调制后 M_2 个组成波的初相位 θ_i，使其满足 $\eta_i(x_c,t_c)>0$。调制方法如下。

(1) 当 $k_ix_c-\omega_it_c<0$ 时，令整数 $N=\text{int}[(k_ix_c-\omega_it_c)/2\pi]$，易知 $N<0$，式(3.3)可以写为：

$$\eta_2(x_c,t_c)=\sum_{i=M_1+1}^{M}a_i\cos(k_ix_c-\omega_it_c-2N\pi+\theta_i) \tag{3.4}$$

调制 θ_i（$0<\theta_i<2\pi$），使其满足不等式 $-\frac{\pi}{2}<k_ix_c-\omega_it_c-2N\pi+\theta_i<\frac{\pi}{2}$，这样可得到 $\cos(k_ix_c-\omega_it_c-2N\pi+\theta_i)>0$，亦即 $\eta_i(x_c,t_c)>0$，$\eta_2(x_c,t_c)>0$。

由于 $-2\pi<k_ix_c-\omega_it_c-2N\pi<0$，$\theta_i$ 的调制办法按照以下条件进行：

①如果 $-\frac{\pi}{2} \leqslant k_i x_c - \omega_i t_c - 2N\pi < 0$，那么 $0 < \theta_i \leqslant \frac{\pi}{2}$，$\theta_i$ 在此区间内均匀随机选取；

②如果 $-\pi \leqslant k_i x_c - \omega_i t_c - 2N\pi < -\frac{\pi}{2}$，那么 $\frac{\pi}{2} < \theta_i \leqslant \pi$，$\theta_i$ 在此区间内均匀随机选取；

③如果 $-\frac{3\pi}{2} \leqslant k_i x_c - \omega_i t_c - 2N\pi < -\pi$，那么 $\pi < \theta_i \leqslant \frac{3\pi}{2}$，$\theta_i$ 在此区间内均匀随机选取；

④如果 $-2\pi < k_i x_c - \omega_i t_c - 2N\pi < -\frac{3\pi}{2}$，那么 $\frac{3\pi}{2} < \theta_i < 2\pi$，$\theta_i$ 在此区间内均匀随机选取。

(2) 当 $k_i x_c - \omega_i t_c \geqslant 0$ 时，令整数 $N = \mathrm{int}[(k_i x_c - \omega_i t_c)/2\pi]$，易知 $N \geqslant 0$，式(3.3)可以写为：

$$\eta_2(x_c, t_c) = \sum_{i=M_1+1}^{M} a_i \cos[k_i x_c - \omega_i t_c - 2(N+1)\pi + \theta_i] \quad (3.5)$$

调制 θ_i（$0 < \theta_i < 2\pi$），使其满足 $-\frac{\pi}{2} < k_i x_c - \omega_i t_c - 2(N+1)\pi + \theta_i < \frac{\pi}{2}$，如此可得到 $\cos[k_i x_c - \omega_i t_c - 2(N+1)\pi + \theta_i] > 0$，亦即 $\eta_i(x_c, t_c) > 0$，$\eta_2(x_c, t_c) > 0$；θ_i 的取值方法和情况(1)中所述的过程相同，此不再重复。

3.2 模型的验证

模拟目标谱采用 JONSWAP 谱。作为算例，模拟参数取值如下：有效波高 $H_s = 5$ m，谱峰周期 $T_p = 12$ s，水深 $d = 40$ m，谱峰升高因子 $\gamma = 3.3$，高频处截断频率取 4 倍的谱峰频率。组成波数 $M = 100$，调制 100 个组成波序列中后 80 个组成波的初相位。模拟生成畸形波的预定位置和预定时间分别设定为 $x_c = 400$ m 和 $t_c = 400$ s。

图 3.1 给出了上述设定输入参数条件下模拟得到的随机波列的空间波面和时间波面过程。

由图 3.1 可以看出，在预定位置和时间确实生成了畸形波。

(a) 空间波面

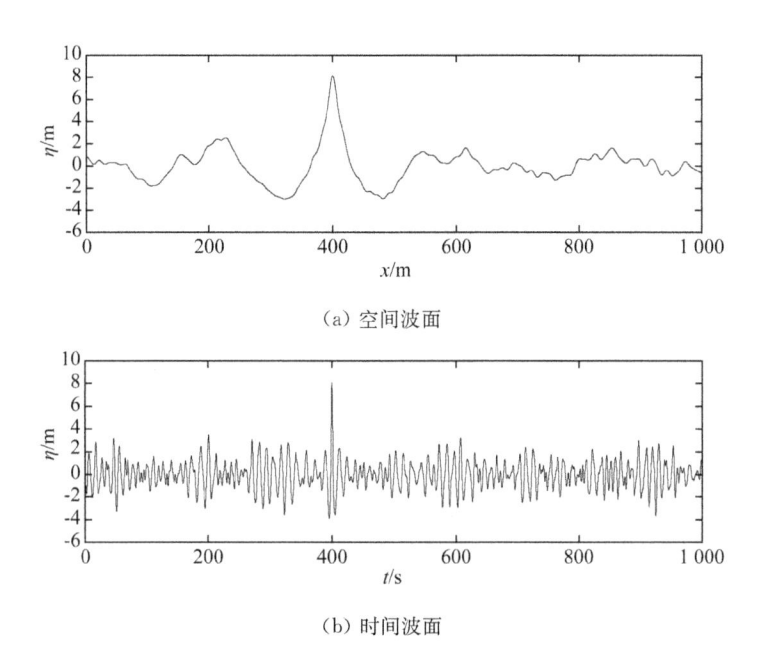

(b) 时间波面

图 3.1 数值模拟畸形波的空间波面和时间波面序列

在模拟计算得到的随机波列中,统计有效波高为 $H_{1/3}=4.99$ m,最大波高 $H_{\max}=11.99$ m,其波峰高度 $\eta_c=8.10$ m,畸形波特征参数 $\alpha_1=2.40$, $\alpha_2=0.68$, $\alpha_3=3.38$, $\alpha_4=2.05$。上述指标全部满足畸形波定义的条件,证明了相位调制新方法生成畸形波的有效性。

图 3.2 给出了模拟序列的波浪谱和目标谱的对比,波高超值累积概率分布与 Rayleigh 分布的比较如图 3.3 所示。从图中可以看出,目标谱与模拟波浪谱、波高超值累积概率分布与 Rayleigh 分布均吻合较好,表明相位调制新方法能够保持目标谱的真实结构,模拟波浪的波高超值累积概率分布符合 Rayleigh 分布。

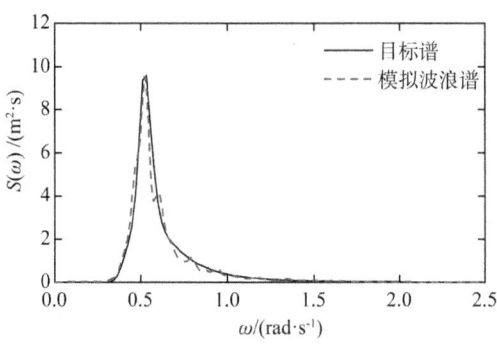

图 3.2 相位调制新方法模拟波浪谱和目标谱的比较

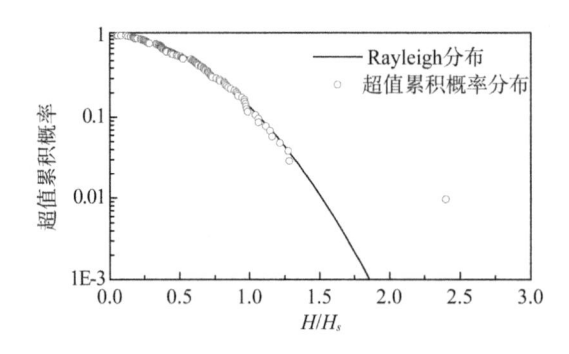

图 3.3　相位调制新方法下的波高超值累积概率分布和 Rayleigh 分布的比较

本算例表明,相位调制新方法不但能够实现畸形波的定时定点生成,同时既可以满足波浪序列的统计特性,又保持目标谱的真实结构。

3.3　畸形波特征参数的影响因素

通常情况下,数值模拟随机波浪时,采用某种频谱[81,87](例如 JONSWAP 谱)作为目标谱输入。可变输入参数主要包括有效波高、谱峰周期、水深、组成波数、谱的宽度和频率范围,当采用相位调制新方法模拟畸形波时尚需考虑聚焦位置、调制波数和调制方向等因素。上述参数对数值模拟畸形波特征参数及效率的影响问题,现有文献未见报道。本书将采用数值试验的方法对该问题进行探讨。

通过考察模拟参数对畸形波特征参数的影响,了解各特征参数随模拟参数的变化,进而可在模拟过程中对畸形波的特征进行适当调控,以获得较为理想的模拟效果。

在数值试验过程中,需考虑深水情况。指定有效波高、水深、组成波的频率范围和聚焦位置,在此前提下考察组成波数、调制方向、调制波数、谱的宽度和谱峰周期等因素对畸形波特征参数和模拟效率的影响。

在讨论上述影响因素时,其他相关模拟参数固定取为:有效波高 $H_s=5.0$ m,水深 $d=120$ m(深水条件);聚焦位置 $x_c=400$ m 和 $t_c=400$ s;目标谱采用 JONSWAP 谱,低频侧取频谱值达到 0.5% 谱峰值时所对应的频率作为低频起始值,高频截断频率取目标谱达到谱总能量的 99.5% 处。在以下计算过程中,如不加以说明,谱的宽度和谱峰周期分别取 $\gamma=3.3$ 和 $T_p=12$ s。

3.3.1 组成波数的确定

Longuet-Higgins 通过分析大量的海上波高实测资料，证明深水海域的波高分布符合 Rayleigh 分布。

模拟随机波浪时要求保持谱的结构和波列统计特性与实际海况一致。

在不考虑模拟波列中存在畸形波的前提下，俞聿修[81]建议模拟随机波浪时组成波数 M 的取值范围在 50~100 较佳。

现采用相位调制新方法数值模拟畸形波，考察模拟波列中波高的超值累积概率分布情况。参考俞聿修[81]的建议，分别选取模拟组成波数 M 为 50、60、70、80、90、100 共 6 种工况，在 6 种工况下将组成波全部调制。

通过数值模拟计算，得到了上述 6 种工况下的随机波列，如图 3.4 所示，各随机波列中均涵盖 1 个畸形波。表 3.1 汇总给出了各种工况条件下得到的模拟波列的有效波高 $H_{1/3}$ 和畸形波特征参数。图 3.5 分别给出了上述 6 种情况下模拟波列中的波高超值累积概率分布与 Rayleigh 分布的比较。

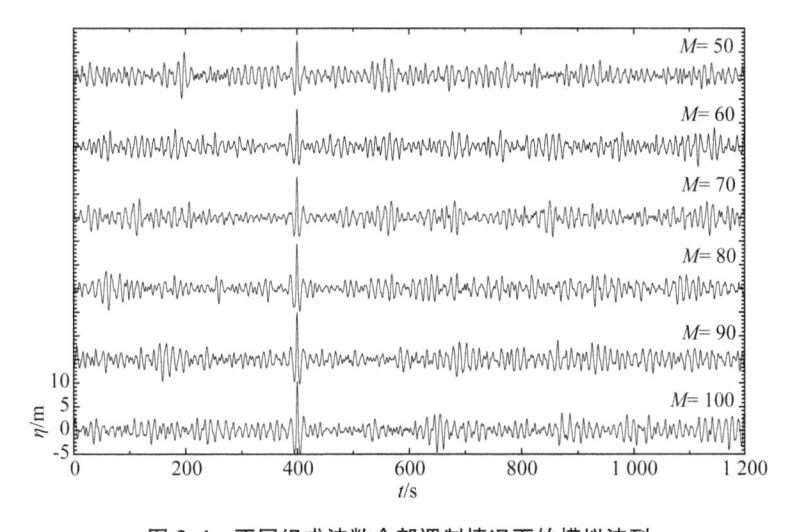

图 3.4 不同组成波数全部调制情况下的模拟波列

表 3.1 6 种工况下模拟波列有效波高和畸形波参数

组成波数 M	$H_{1/3}/\text{m}$	$H_{\max}/\text{m}$	η_c/m	α_1	α_2	α_3	α_4
50	4.92	10.82	7.38	2.20	0.68	5.31	2.12
60	4.95	11.75	7.93	2.37	0.67	2.08	4.67

续表

组成波数 M	$H_{1/3}$/m	H_{max}/m	η_c/m	α_1	α_2	α_3	α_4
70	5.07	12.37	8.48	2.44	0.69	4.14	2.02
80	5.06	14.19	9.26	2.80	0.65	2.05	3.43
90	4.99	14.62	9.80	2.93	0.67	2.22	3.88
100	5.03	14.94	10.36	2.97	0.69	2.03	3.51

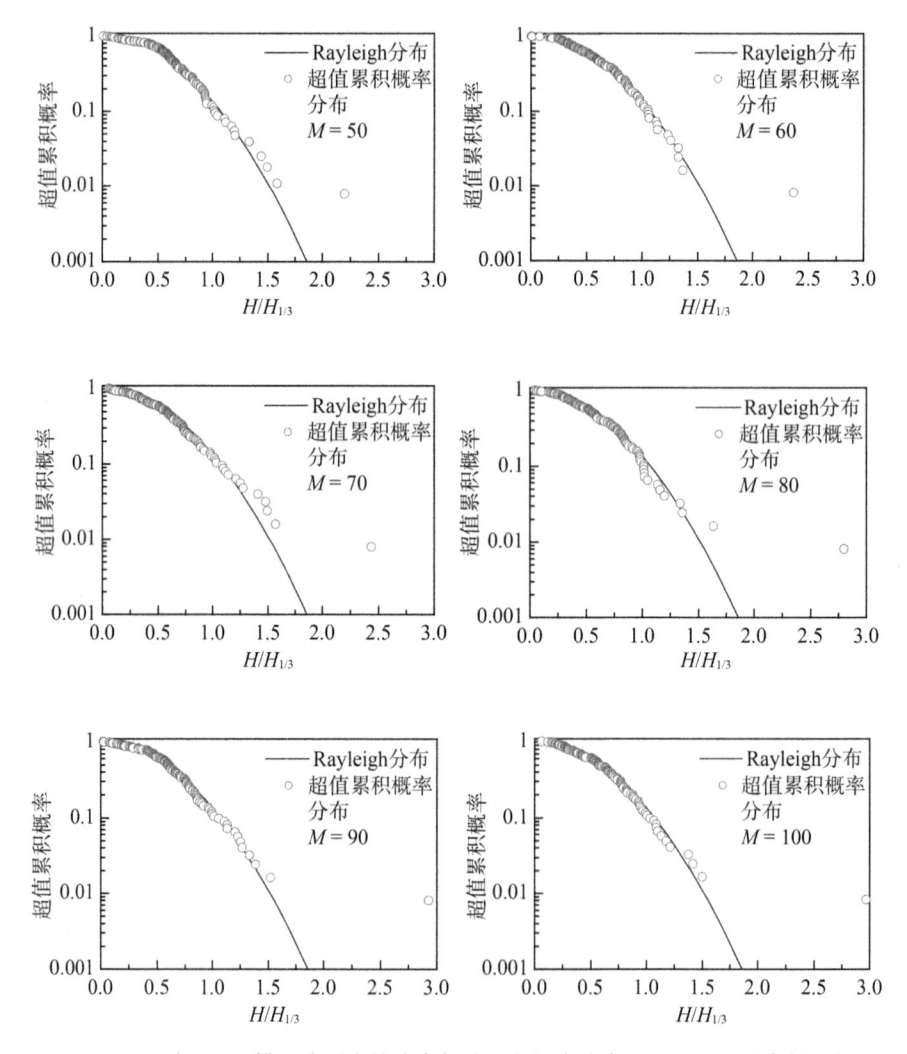

图 3.5　6 种工况下模拟波列中的波高超值累积概率分布和 Rayleigh 分布的比较

图 3.5 中波高超值累积概率最小值对应的即为畸形波。

由图 3.5 可以看出,除畸形波一个波外,整个模拟波列的波高超值累积概率分布均与 Rayleigh 分布吻合良好。在 3.2 节中已经证明了本书的方法可以保证谱的结构与实际海况一致。

综上所述,采用相位调制新方法数值模拟畸形波时,组成波数在 50~100 范围内取值,可以保证模拟得到与天然海浪特性相同的随机波列,满足随机波浪的模拟要求同时达到模拟生成畸形波的目标。

3.3.2 调制方向的选取

从相位调制新方法的原理中不难看出,调制方式可以选择由低频向高频调制,也可以选择由高频向低频调制。现分别采用这两种调制方式进行模拟计算,将模拟结果进行比较,以判断何种调制方式下的模拟结果更具有优越性和合理性。

以组成波数 100 为例。

采用低频向高频调制和高频向低频调制两种调制方式时,令所调制的波数保持一致。此时,调制能量占目标谱能量的百分比将存在差异,只有当组成波数全部参与调制时,两种调制方式对应的调制能量占目标谱能量的百分比才相同(100%),如图 3.6 所示。

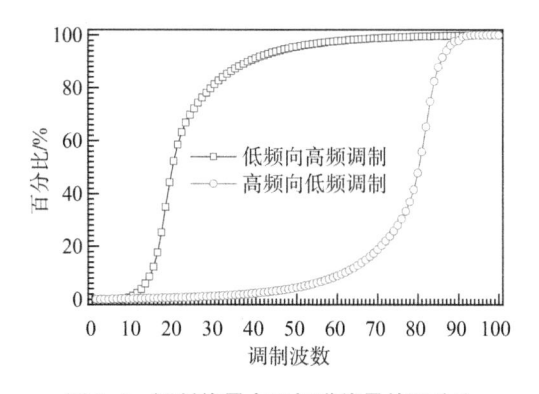

图 3.6 调制能量占目标谱能量的百分比

在采用上述两种调制方式模拟计算时,每一调制方式的调制波数由 1 开始,逐一递增,直至 100,共计 100 工况。

为了尽可能消除组成波随机初相对模拟结果带来的不确定影响,对上述

100种调制工况分别进行500次不同随机初相位的模拟计算。

对每一调制波数,500次模拟计算中出现畸形波的个数如图3.7所示。

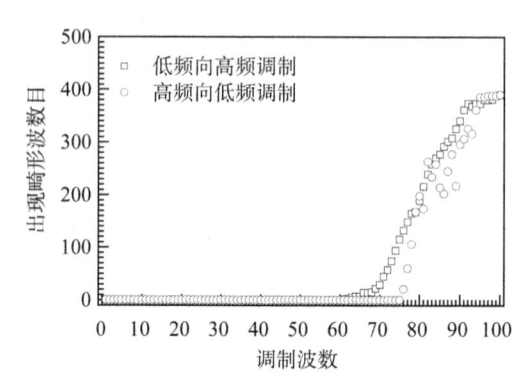

图3.7 500次模拟波列中出现畸形波的数目

由图3.7可以看出,当调制波数小于60时,两种调制方式下都没有出现畸形波。随着调制波数的增大,两种调制方式下500次模拟波列中出现畸形波的数目均逐渐增加;全部调制时,出现畸形波的个数相当。

采用低频向高频调制方式,调制波数为62时开始出现畸形波,而此时调制波浪的能量已占目标谱能量的98%(图3.6);随着调制波数的增大,模拟波列中出现畸形波的个数越来越多,表明2%的高频能量对畸形波的产生具有至关重要的作用。现以调制波数62和100(全部调制)为例,分别比较500个模拟波列中α_1和α_2的值,结果如图3.8所示。

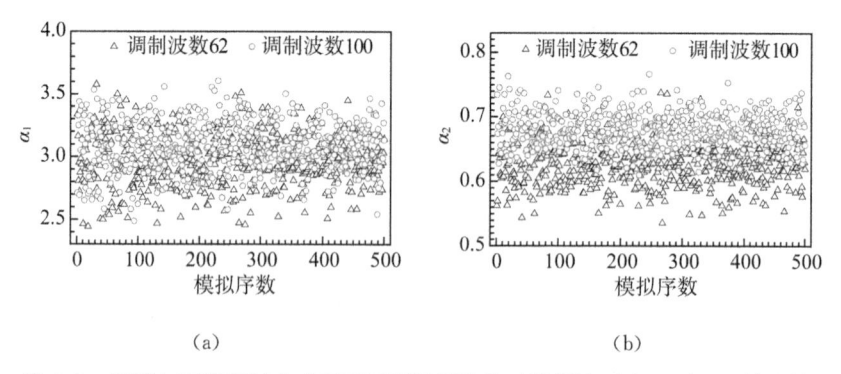

(a)

(b)

图3.8 低频向高频调制方式下两不同调制波数时模拟波列中 α_1 和 α_2 的比较

由图3.8(a)可见,在低频向高频调制方式下,当调制波数为62和100时,α_1的值均较大且分布基本一致,大都集中在2.7~3.5,表明2%的高频能量对聚焦处波高几乎没有影响。由图 3.8(b)可见,当调制波数为 62 和 100 时,α_2 的值分别集中在 0.58~0.66 和 0.65~0.73,表明 2% 的高频能量提升了聚焦处波峰高和波高的比,亦即提升了波峰高度,才能够满足畸形波定义的全部条件,从而使畸形波的数目逐渐增多。

而采用高频向低频调制方式,当调制波数为 76 时,开始出现畸形波(图 3.7),此时调制能量仅占目标谱能量的 30.36%(图 3.6)。现以调制波数 80 为例,分别比较调制波数 80 和 100 时模拟波列中的 α_1 和 α_2 的值,结果如图 3.9 所示。

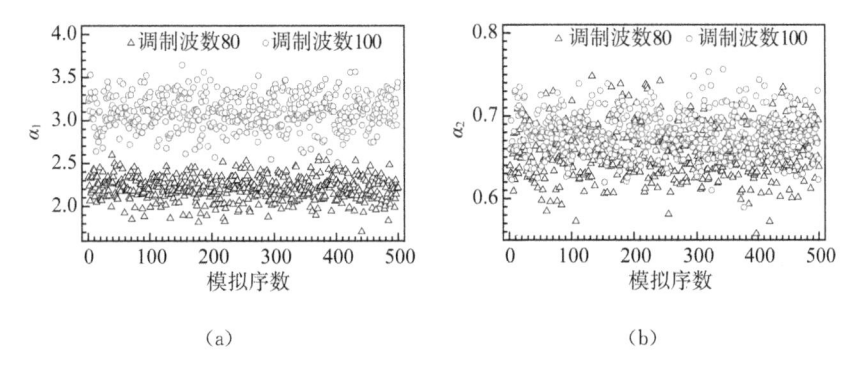

图 3.9 高频向低频调制方式下两不同调制波数时模拟波列中 α_1 和 α_2 的比较

由图 3.9(a)可以看出,当调制波数为 80 和 100 时,α_1 的值分别集中在 2.0~2.4 和 2.7~3.5,表明 α_1 的值能够随调制波数的增加而增大,有一定的可调节范围。由图 3.9(b)可以看出,α_2 的值分别集中在 0.63~0.70 和 0.65~0.73,表明 α_2 的值亦能够随调制波数的增加而略微增大,有微小的可调节范围。

综上可以看出,在高频向低频调制方式下,采用较少的能量就可以模拟产生畸形波,且 α_1 和 α_2 可以随调制波数的增加而增大,有一定的可调节范围,表明高频向低频调制优于低频向高频调制;高频波浪对畸形波的形成具有极其重要的作用,这恰恰与以往研究学者得出的(基于小波变换的)畸形波发生时包含高频成分[89-91]的结论是一致的。故本书的数值模拟方法采用从高频向低频调制的方式。

3.3.3 调制波数对畸形波特征参数的影响

3.3.3.1 组成波数一定时不同调制波数对畸形波特征参数的影响

由相位调制新方法原理可以看出,当组成波数一定时,增加调制波浪的数目,可以增大聚焦处波浪的波高,即通过改变调制波浪的数目,可以调控聚焦处生成波浪的大小。采用上述模拟条件,以组成波数取 80 为例,模拟调制波数依次为 55、60、65、70、75、80 的波列,考察聚焦处波浪的特征参数随调制波数的变化。波列模拟结果如图 3.10 所示,聚焦处波浪特征参数随调制波数的变化如图 3.11 所示。

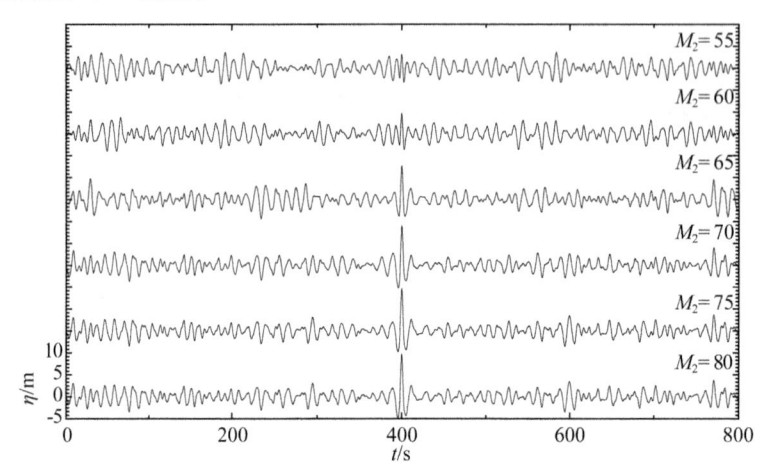

图 3.10　不同调制波数时的模拟波列

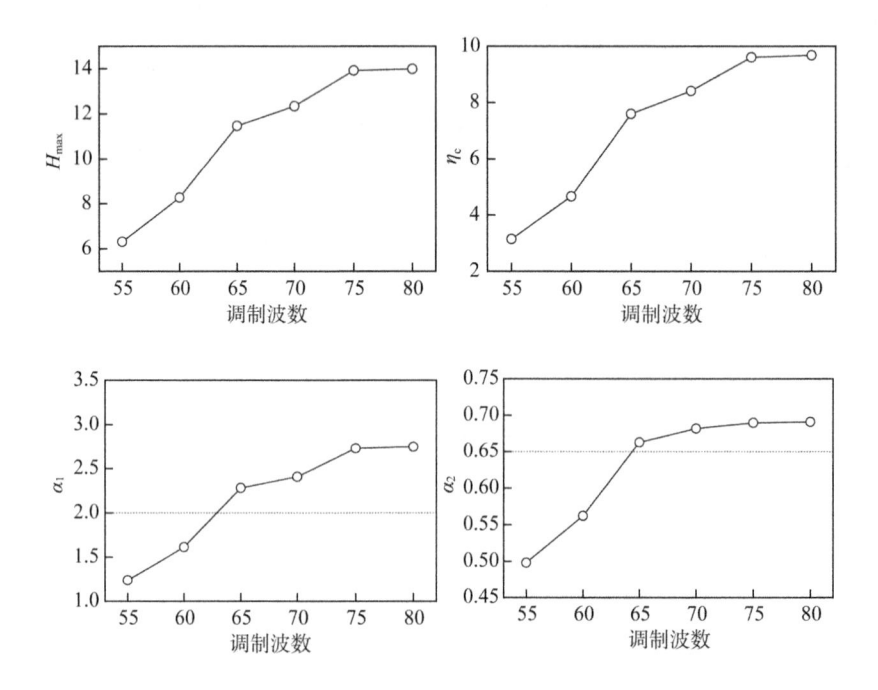

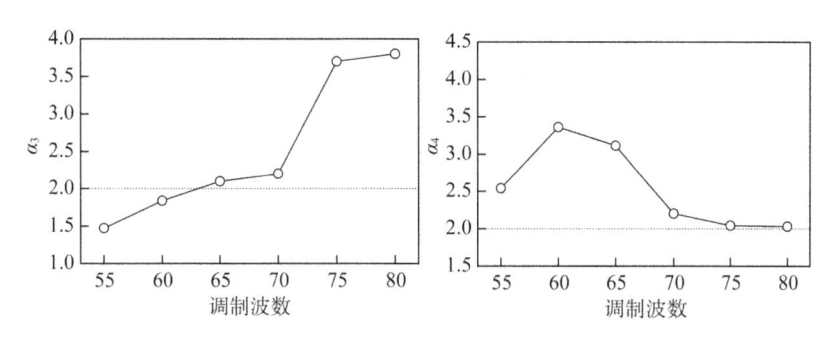

图 3.11 不同调制波数时聚焦处波浪的特征参数

从图 3.10 和图 3.11 中可以看出,当调制波数为 55 时,聚焦处没有形成明显的聚焦现象,原因在于此时调制能量较少;随着调制波数的增多,聚焦处聚焦现象逐渐明显,聚焦处波浪的波高 H_{max}、波峰高 η_c 和 α_1、α_2 均逐渐增大,进而在调制波数为 65 时形成畸形波;由于聚焦处两侧波高的随机性,α_3 和 α_4 的变化仍不能十分确定。

3.3.3.2 全部调制时不同组成波数对畸形波特征参数的影响

现取不同组成波数,考察波浪全部调制情况下组成波数对模拟波列中畸形波特征参数的影响。组成波数依次选取 50、55、60……100。图 3.12(选取 M 为 50、60、70、80、90、100)和图 3.13 分别给出了模拟波列和模拟波列中聚焦处畸形波的特征参数。

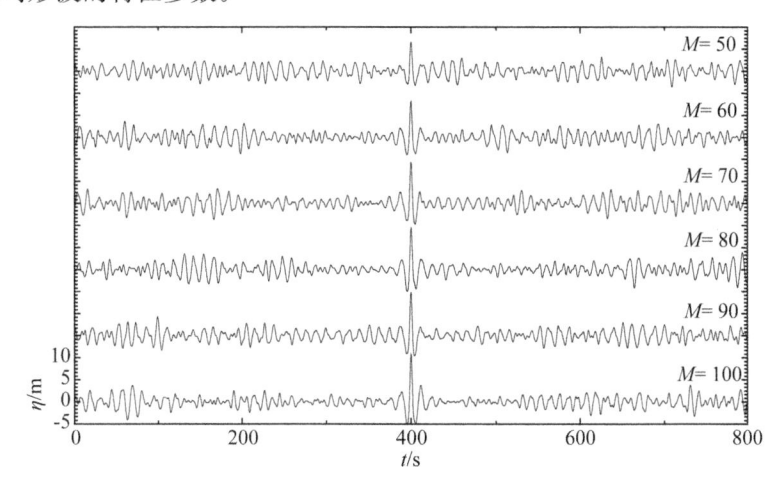

图 3.12 不同组成波数全部调制情况下的模拟波列

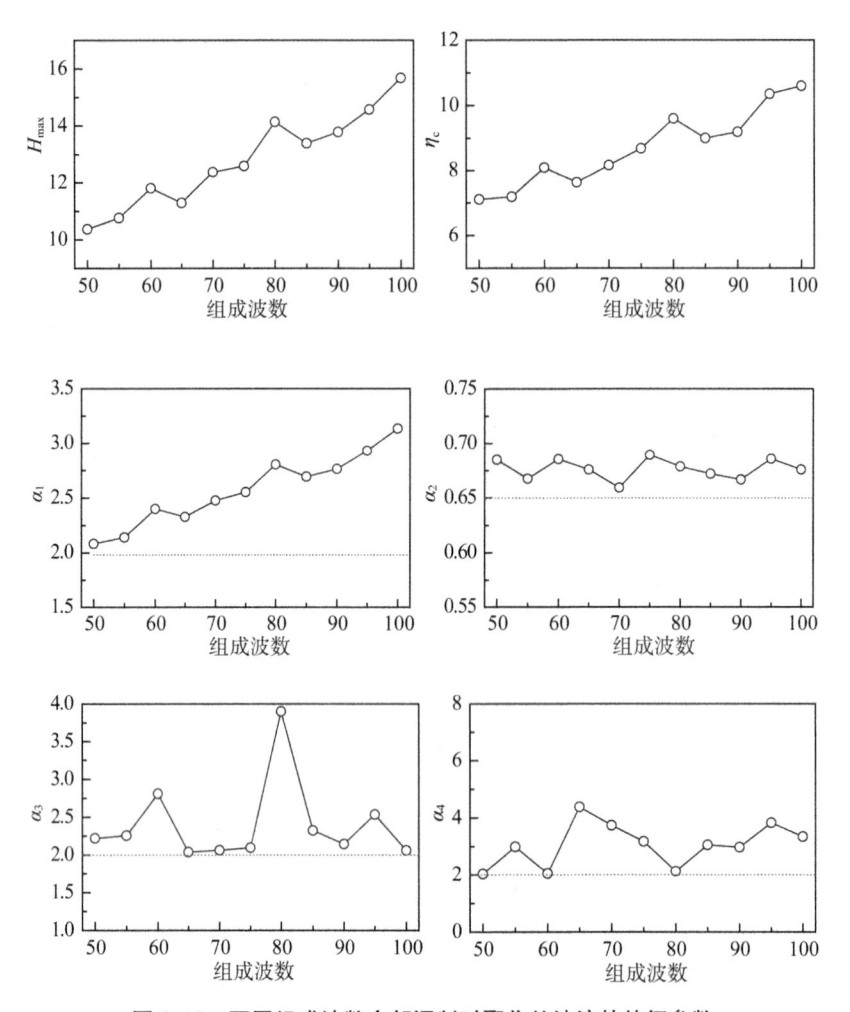

图 3.13 不同组成波数全部调制时聚焦处波浪的特征参数

由图 3.13 可以看出,在波浪全部调制情况下,随着组成波数的增大,聚焦处形成畸形波的最大波高 H_{max} 和波峰高 η_c 以及 α_1 均呈增大趋势。受波浪随机性的影响,畸形波的波高和波峰高以及 α_1 并不是严格随着组成波数的增加而增大;同样,由于聚焦处两侧波高的随机性,α_3 和 α_4 变化趋势不确定;α_2 无明显变化趋势。

3.3.4 谱的宽度对畸形波特征参数的影响

以组成波数 60 为例,全部调制,模拟得到谱峰升高因子 γ 分别等于 1.0、

2.0、3.3、4.0、5.0、6.0 和 7.0 时的波列,考察谱的宽度对模拟波列中聚焦处畸形波特征参数的影响。波列模拟结果如图 3.14 所示,聚焦处波浪特征参数的变化如图 3.15 所示。

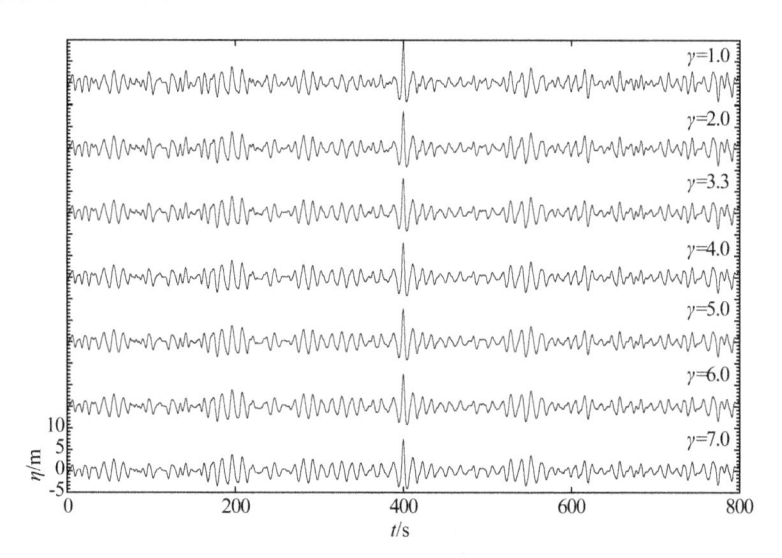

图 3.14　不同谱宽情况下的模拟波列

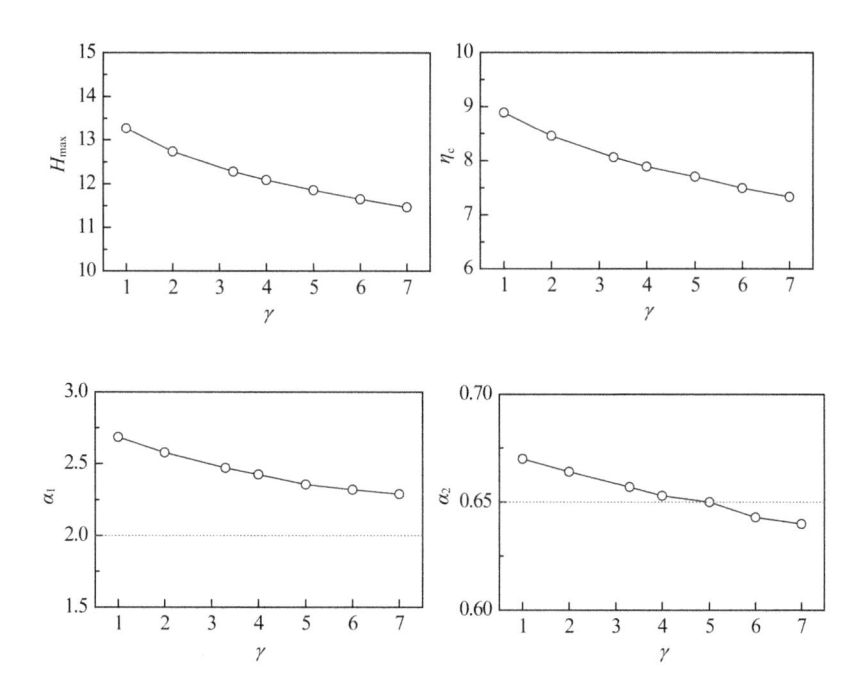

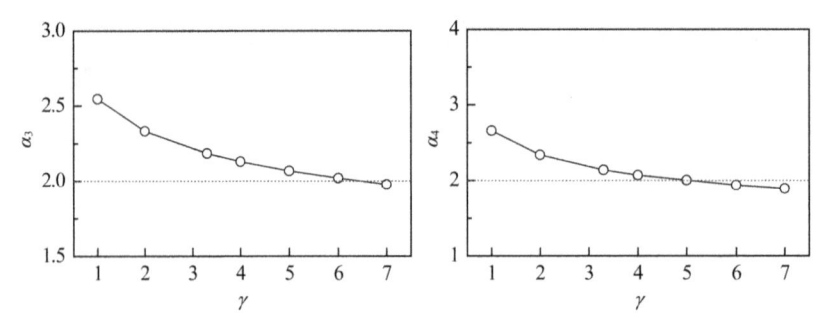

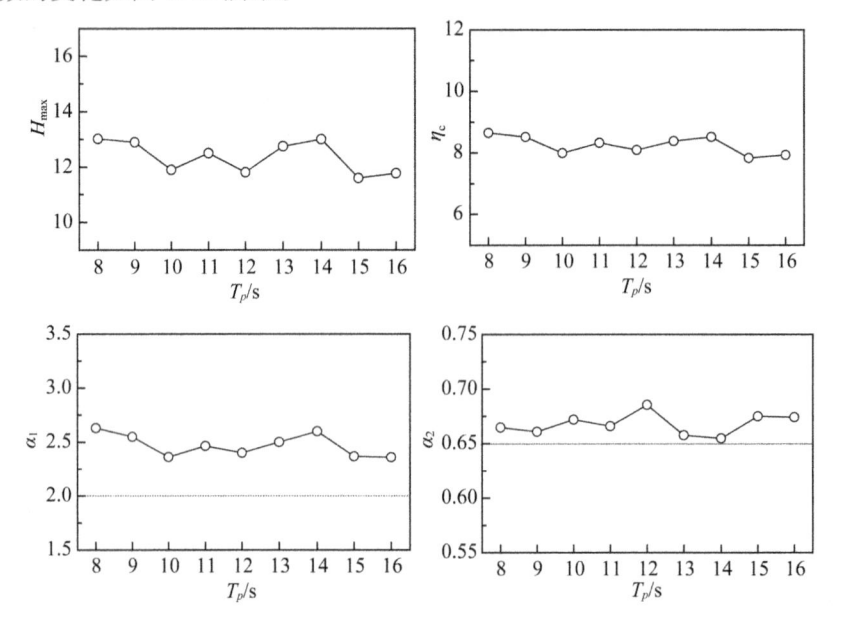

图 3.15 不同谱宽时聚焦处波浪的特征参数

由图 3.15 可以看出,随着谱峰升高因子的增大,聚焦处畸形波的波高 H_{max}、波峰高 η_c 以及 α_1、α_2、α_3、α_4 均减小,表明谱的宽度对聚焦处畸形波的特征参数有很重要的影响。可以设想,当谱宽小于一定值时,就不会出现畸形波,因为当谱无穷窄时,谱形近似为一条线,此时波浪为规则波,是不会出现畸形波的。

3.3.5 谱峰周期对畸形波特征参数的影响

以谱峰升高因子取 3.3 和组成波数取 60 为例,将波浪全部调制,分别模拟谱峰周期等于 8 s、9 s、10 s……16 s 时的波列,波列中聚焦处畸形波的特征参数的变化如图 3.16 所示。

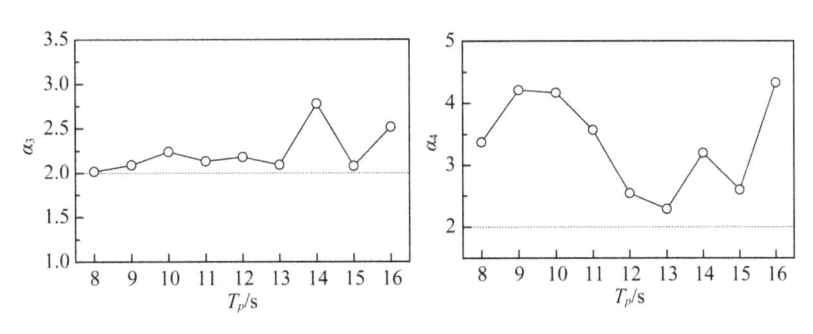

图 3.16 不同谱峰周期时聚焦处波浪的特征参数

由图 3.16 可以看出，不同谱峰周期下聚焦处畸形波的特征参数变化无规律可循，表明在本书选取的周期范围内，谱峰周期对畸形波特征参数无明显影响。

从上述不同输入参数对畸形波特征参数的影响可以看出，组成波数在 50～70 时，α_1 的值在 2.0 和 2.5 之间；组成波数在 70～100 时，α_1 的值在 2.5 和 3.5 之间，可以模拟畸形度较高的畸形波。

3.4 畸形波模拟效率的影响因素

模拟效率是判断一种数值方法优越性和应用价值的重要指标。通过考察各模拟参数对畸形波模拟效率的影响，对于合理选择模拟参数以提高畸形波的模拟效率及推广与实际应用本书的数值方法都具有十分重要的意义。

因此，有必要考察本书的数值方法模拟畸形波的效率，并分析影响畸形波模拟效率的因素。

采用本书的数值方法模拟畸形波时，影响畸形波模拟效率的因素可能包括调制波数、组成波数、谱的宽度和谱峰周期等，下面分别进行讨论。

3.4.1 调制波数对畸形波模拟效率的影响

3.4.1.1 组成波数一定时不同调制波数对畸形波模拟效率的影响

以组成波数取 100 为例，调制波数分别取 70、75、80、85、90、95、100。为尽可能消除波浪的随机性给模拟结果带来的不确定影响，对每一调制波数分别进行 5 次模拟计算，每次进行 500 组不同波序的模拟，其中出现畸形波的组数如图 3.17 所示。

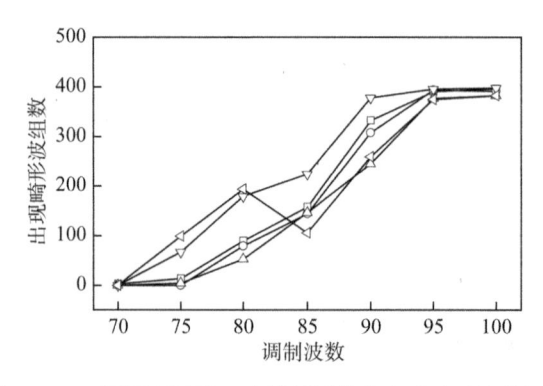

图 3.17　不同调制波数 5 次模拟计算中出现畸形波的组数

由图 3.17 可以看出,在调制波数为 70 时没有出现畸形波,这是由于此时调制能量较少,在聚焦处不能形成明显的能量聚焦;随着调制波数的增加,5 次模拟波列中出现畸形波的数目总体逐渐增大;接近全部调制时,5 次模拟波列出现畸形波的数目相接近,表明本书的数值方法模拟畸形波的效率在波浪全部调制或接近全部调制时是稳定的;同时还可以看出,5 次模拟波列中出现畸形波的数目并不是严格地随调制波数的增大而逐渐增大的,这是由于聚焦处两侧波高具有随机性,致使部分波浪的特征参数 α_3 和 α_4 不能满足畸形波定义的全部条件。

3.4.1.2　全部调制时不同组成波数对畸形波模拟效率的影响

组成波数分别取 50、60、70、80、90、100,全部调制,考察不同组成波数时畸形波的模拟效率。同样对每一调制波数进行 5 次模拟计算,每次进行 500 组不同随机数的模拟,其中出现畸形波的组数如图 3.18 所示。

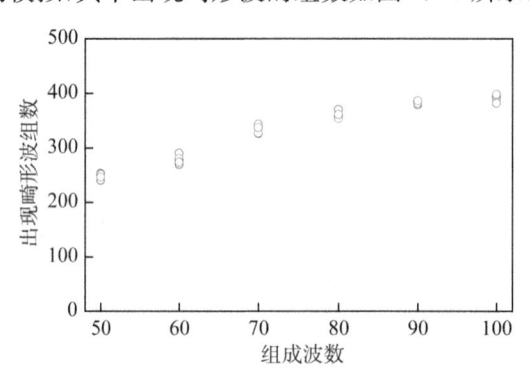

图 3.18　不同组成波数 5 次模拟计算中出现畸形波的组数

从图 3.18 中可以看出,在组成波数全部调制情况下,模拟波列中出现畸形波的数目随组成波数的增大而增大,且对每一组成波数,5 次的 500 组模拟波列中出现畸形波的数目是稳定的。

3.4.2 谱的宽度对畸形波模拟效率的影响

固定组成波数和调制波数,改变谱的宽度,考察不同谱宽情况下畸形波的模拟效率。以组成波数取 60 为例,波浪全部调制,谱峰升高因子 γ 分别取 1.0、2.0、3.3、4.0、5.0、6.0、7.0,对不同的 γ 值分别进行 5 次模拟计算,每次进行 500 组不同随机数的模拟,其中出现畸形波的组数如图 3.19 所示。

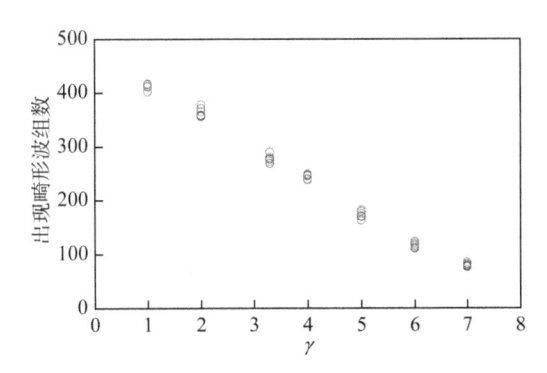

图 3.19　不同谱宽 5 次模拟计算中出现畸形波的组数

由图 3.19 可以看出,500 组模拟波列中畸形波出现的组数受谱宽的影响。谱越宽,500 组模拟波列中出现畸形波的组数越多,模拟效率越高;且对于每一个谱宽,5 次 500 组模拟波列中出现畸形波的组数是接近的,亦即本书的数值方法的模拟效率是稳定的。随着谱宽度的减小,500 组模拟波列中出现畸形波的组数越少,模拟效率越来越低,这和 3.3.4 节中所述现象本质上是一致的。

3.4.3 谱峰周期对畸形波模拟效率的影响

以组成波数取 60 为例,全部调制,谱峰周期 T_p 取 8 s、9 s、10 s……16 s,对每一个谱峰周期分别进行 5 次模拟计算,每次进行 500 组不同随机数的模拟,其中出现畸形波的数目如图 3.20 所示。

从图 3.20 中可以看出,不同谱峰周期下畸形波出现的组数基本一致,因此可认为谱峰周期对畸形波的模拟效率几乎没有影响。

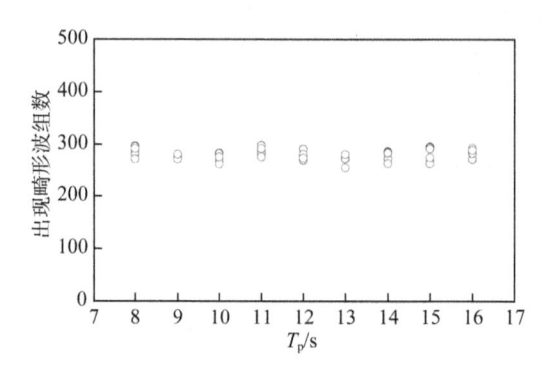

图 3.20　不同谱峰周期 5 次模拟计算中出现畸形波的组数

综上可以看出，本书的数值方法模拟畸形波的效率受调制波数和谱宽的影响。在本书所采用的组成波数范围内，谱宽越宽，调制波数越多，模拟效率越高。

3.5　新方法与已有方法的对比

从式(2.2)可以看出，对于某一固定点的瞬时波面高度，决定其计算量的是组成波数 M。

相位调制新方法受谱宽的影响，在第 2 章对已有方法的分析中选取的 $\gamma=3.3$，因此，对相位调制新方法亦选取 $\gamma=3.3$ 的结果。

在应用方面，一种数值方法应该体现对模拟结果的微调性，以方便得到所需要的模拟结果。从相位调制新方法的原理以及上述畸形波特征参数的影响因素分析中可以看出，本书新方法具有对模拟结果的微调性。从第 2 章所介绍的模型的原理中不难发现，随机波加瞬态波模型和相位角分布范围调制聚焦模型具有对模拟结果的微调性，而部分组成波聚焦模型不具有对模拟结果的微调性。

表 3.2 汇总了新方法与已有方法的对比。

从表 3.2 可以看出，本书相位调制新方法较已有方法具有明显的优越性，计算量小，模拟效率高。

一种好的数值方法应该体现在模拟结果的有效性和广泛的适用性，而从表 3.2 中不难发现，由于已有数值模型存在一定缺点，必然导致其有效性和适用性较差。

表 3.2　相位调制新方法与已有方法的对比

数值模型	计算量即组成波数 M	500 组模拟中出现畸形波数目	初相位选取方法	是否在 $(0,2\pi)$ 随机分布	模拟结果的微调性	存在的问题
相位调制新方法	50～100	250～400	根据聚焦位置选取	是	是	暂时没有发现
随机波加瞬态波模型	240	52	—	是	是	可能改变谱的结构和波浪统计特性
调制聚焦理论模型 I	100	0(无满足严格定义的畸形波)	缩小分布范围	否	是	极难满足 $\alpha_2 \geqslant 0.65$
调制聚焦理论模型 II	≥1 000	没有统计	使部分初相位为零	否	否	波能聚焦重复出现,模拟结果不合理

3.6　本章小结

基于随机波浪的 Longuet-Higgins 模型,提出了一个模拟畸形波的部分组成波初相位调制新方法,数值试验表明该方法不但能够实现定时定点生成畸形波,同时既可以满足波浪序列的统计特性,又可以保持目标谱的结构。

通过探讨不同模拟参数对畸形波各特征参数和模拟效率的影响,可以得到如下结论:

(1) 高频向低频调制优于低频向高频调制。高频波浪对畸形波的形成具有极其重要的作用。

(2) 在高频向低频调制方式下,组成波数一定时,畸形波波高、波峰高和 α_1、α_2 随调制波数的增加而增大;在波浪全部调制情况下,畸形波波高、波峰高和 α_1 随组成波数的增加而增大。畸形波波高、波峰高和 α_1、α_2、α_3、α_4 均随谱宽度的增加而增大。

(3) 调制波数和谱的宽度对畸形波的模拟效率具有重要的影响。在本书所采用的组成波数范围内(50～100),调制波数越多,谱越宽,模拟效率越高。在组成波数全部调制情况下,本书的数值方法模拟畸形波的效率是稳定的。

(4) 在本书选取的谱峰周期范围内(8～16 s),谱峰周期对畸形波的特征参数和模拟效率几乎没有影响。

(5) 模拟畸形波,建议截断频率取 3.5~4 倍的谱峰频率。若模拟 α_1 在 2.0 和 2.5 之间的畸形波,组成波数可取 50~70;若模拟畸形度较高的畸形波,组成波数可取 70~100。采用尝试法,即将波数全部调制,然后根据模拟结果改变组成波数和调制波数。

(6) 较已有方法,本书相位调制新方法具有明显的优越性,计算量小,模拟效率高,简单易用,模拟结果合理有效。

4

天然畸形波的数值模拟和物理模拟

一种模拟方法的优越性除了表现在模拟结果的可调控性和优秀的模拟效率之外,还应该体现在广泛的适用性和模拟结果的有效性。

本章将采用本书模拟畸形波的方法——相位调制新方法,分别在数值模拟和物理模拟两方面加以运用,模拟多个外海实测包含畸形波的波序,以验证本书数值模型的适用性和有效性。

由于畸形波两侧波高的不可控制性,模拟结果中主要考察畸形波波高、波峰高、α_1 和 α_2 与实测数据的比较,α_3 和 α_4 只作参考。

4.1 数值模拟

4.1.1 模拟"新年波"

图 1.6 为 1995 年 1 月 1 日发生在挪威北部海域(水深 70 m)Draupner 采油平台附近的"新年波"[4,59,60]波面时间序列,这是目前记录最为完善的畸形波。该记录相关参数为:在波列的 264.5 s 时产生畸形波,有效波高 11.92 m,最大波高 25.60 m,其波峰高度 18.50 m;畸形波特征参数分别为:$\alpha_1=2.15$,$\alpha_2=0.72$,$\alpha_3=2.25$,$\alpha_4=3.99$。

采用快速傅里叶变换(FFT)算法对"新年波"的实测波列进行谱分析,得到该波列的频率谱,以该谱为目标谱,采用相位调制新方法来模拟"新年波",并设定在 $t_c=264.5$s 时产生畸形波。采用尝试法,可先令组成波数 $M=60$,根据模拟结果改变调制波数。最后在调制波数 $M_2=49$ 时,模拟结果较为理想,波列模拟如图 4.1 所示。

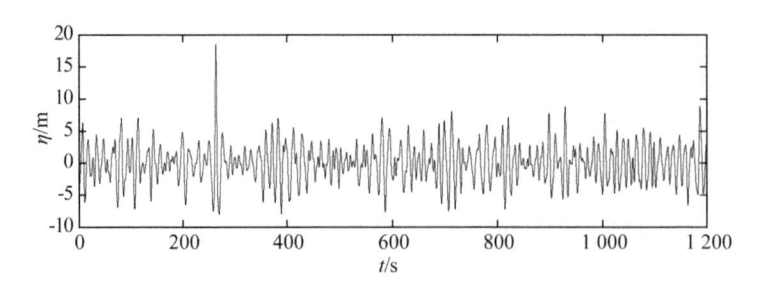

图 4.1 数值模拟"新年波"波列

由图 4.1 可见,在 264.5 s 时发生畸形波;模拟波列的有效波高 $H_{1/3}=11.70$ m,畸形波波高 $H_{max}=26.02$ m,其波峰高度 $\eta_c=17.99$ m;畸形波特征参数为:$\alpha_1=2.22$,$\alpha_2=0.69$,$\alpha_3=2.41$,$\alpha_4=3.11$。

表 4.1 给出了数值模拟"新年波"与实测"新年波"特征参数的对比。

表 4.1 数值模拟"新年波"与实测"新年波"特征参数的对比

	H_{max}/m	η_c/m	α_1	α_2	α_3	α_4
实测值	25.60	18.50	2.15	0.72	2.25	3.99
数值模拟	26.02	17.99	2.22	0.69	2.41	3.11
相对误差	1.6%	2.8%	3.3%	4.2%	7.1%	22.1%

从表 4.1 可以看出,除了 α_3 和 α_4,模拟结果中畸形波波高、波峰高、α_1 和 α_2 等主要参数与实测数据的相对误差均小于 5%,模拟畸形波的特征参数十分接近实测"新年波"的特征参数。

图 4.2 给出了数值模拟"新年波"与实测"新年波"的波形比较,图 4.3 给出了模拟波浪谱与实测"新年波"谱的对比。

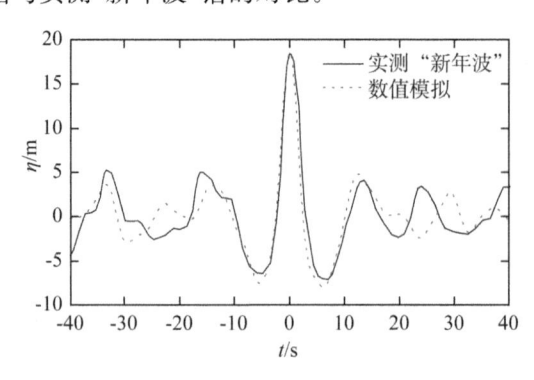

图 4.2 数值模拟"新年波"和实测"新年波"的波形比较

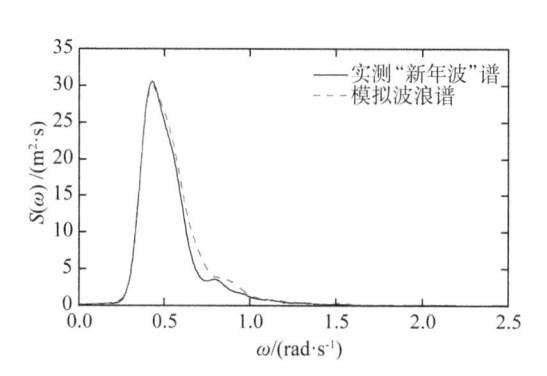

图 4.3 模拟波浪谱和实测"新年波"谱的比较

由图 4.2 可以看出,数值模拟"新年波"和实测"新年波"吻合较好;由图 4.3 可以看出,模拟波浪谱保持了原有"新年波"谱的结构,两者吻合完好。

4.1.2 模拟日本海实测畸形波

图 4.4 所示为 Mori 等人[52]在日本海实测波浪数据库中发现的含有畸形波的波面时间序列,波浪监测地点位于距离 Yura 渔港 3 km 处,水深 43 m。该波列的有效波高约 4.61 m,畸形波波高 11.16 m,其波峰高 7.43 m,畸形波特征参数 $\alpha_1=2.42$, $\alpha_2=0.67$, $\alpha_3=3.03$, $\alpha_4=2.02$。

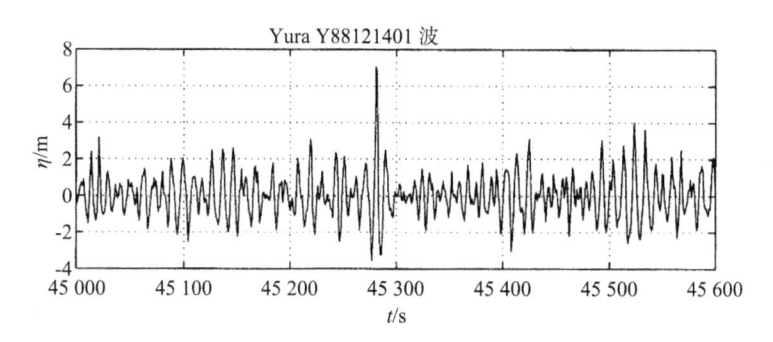

图 4.4 日本海实测畸形波

将图 4.4 所示的实测波列进行傅里叶变换(FFT),把得到的频率谱定为目标谱,在预定时刻 $t_c=400$ s 产生畸形波。令组成波数 $M=60$,调制波数 $M_2=50$ 时发现模拟结果较为理想,波列模拟如图 4.5 所示。

由图 4.5 可见,在 400 s 时产生了畸形波;模拟波列的有效波高 $H_{1/3}=4.54$ m,畸形波波高 $H_{\max}=10.60$ m,其波峰高度 $\eta_c=7.06$ m,畸形波特征参

数 $\alpha_1=2.33$，$\alpha_2=0.67$，$\alpha_3=3.34$，$\alpha_4=2.51$。

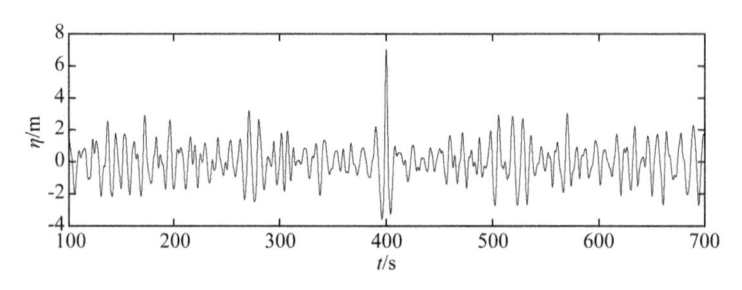

图 4.5　数值模拟 Y88121401 波列畸形波

表 4.2 给出了数值模拟畸形波与日本海实测畸形波特征参数的对比。

表 4.2　数值模拟畸形波与实测日本海畸形波特征参数的对比

	H_{max}/m	η_c/m	α_1	α_2	α_3	α_4
实测值	11.16	7.43	2.42	0.67	3.03	2.02
数值模拟	10.60	7.06	2.33	0.67	3.34	2.51
相对误差	5.0%	5.0%	3.7%	0%	10.2%	24.3%

从表 4.2 可以看出，除了 α_3 和 α_4，模拟结果中畸形波波高、波峰高、α_1 和 α_2 等主要参数与实测数据的相对误差均不超过 5%，十分接近日本海实测畸形波的特征参数。

图 4.6 给出了数值模拟畸形波和实测畸形波的比较；图 4.7 给出了模拟波浪谱和实测波浪谱的对比。

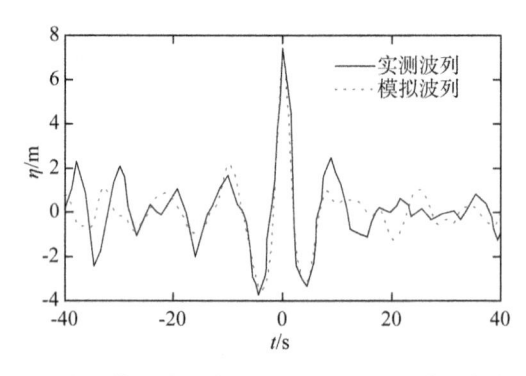

图 4.6　数值模拟畸形波和实测 Y88121401 畸形波的比较

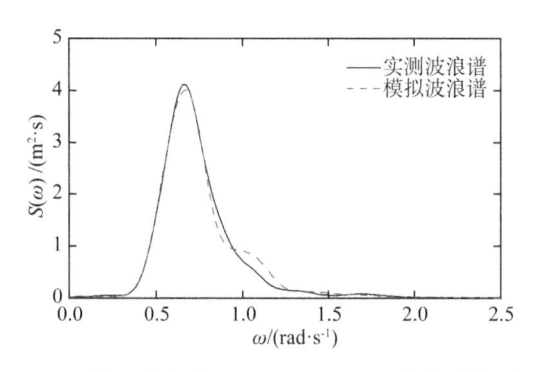

图 4.7　模拟波浪谱和实测 Y88121401 波浪谱的比较

由图 4.6 可以看出，数值模拟畸形波和实测畸形波吻合较好；由图 4.7 可以看出，模拟波浪谱保持了实测波浪谱的真实结构，两者谱形吻合完好。

4.1.3　模拟北海实测畸形波

图 4.8 所示为 Slunyaev 等人[65]从北海北部 North Alwyn 海域（1°44′E，60°45′N，水深 126 m）实测资料中发现的一个含有畸形波的波面时间序列。该波列的有效波高 7.86 m，最大波高 18.16 m，波峰高 13.26 m；畸形波特征参数分别为：$\alpha_1=2.31$，$\alpha_2=0.73$，$\alpha_3=2.82$，$\alpha_4=2.00$。

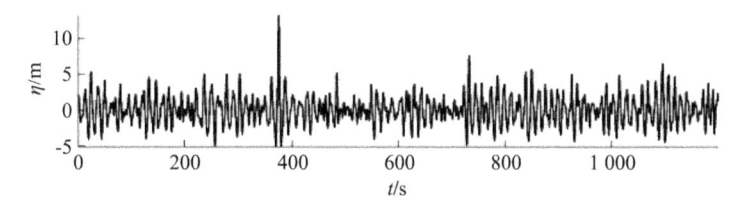

图 4.8　实测北海 North Alwyn 海域包含畸形波的波面时间序列

以图 4.8 所示的实测波列傅里叶变换（FFT）得到的能量谱为目标谱，在预定时刻 $t_c=375$ s 产生畸形波。令组成波数 $M=60$，全部调制时获得了较为理想的结果，如图 4.9 所示为波列模拟。

从图 4.9 中可以看出，畸形波在 375 s 时产生，模拟波列的有效波高 $H_{1/3}=7.99$ m，畸形波波高 $H_{max}=18.11$ m，其波峰高度 $\eta_c=12.73$ m，畸形波特征参数 $\alpha_1=2.27$，$\alpha_2=0.70$，$\alpha_3=3.42$，$\alpha_4=2.13$。

表 4.3 给出了数值模拟畸形波与实测北海畸形波特征参数的对比。

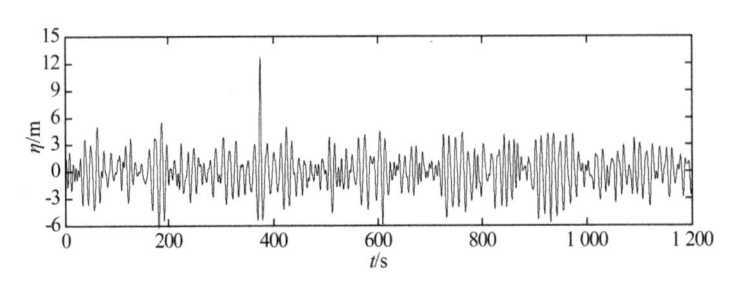

图 4.9　数值模拟北海畸形波的波列

表 4.3　数值模拟畸形波与实测北海畸形波特征参数的对比

	$H_{\max}/\text{m}$	η_c/m	α_1	α_2	α_3	α_4
实测值	18.16	13.26	2.31	0.73	2.82	2.00
数值模拟	18.11	12.73	2.27	0.70	3.42	2.13
相对误差	0.3%	4.0%	1.7%	4.1%	21.3%	6.5%

从表 4.3 可以看出，除了 α_3 和 α_4，模拟结果中畸形波波高、波峰高、α_1 和 α_2 等主要参数与实测数据的相对误差均在 5% 以内，模拟结果十分接近北海实测畸形波的特征参数。

图 4.10 给出了数值模拟畸形波和实测畸形波的比较；图 4.11 给出了模拟波浪谱和实测波浪谱的对比。

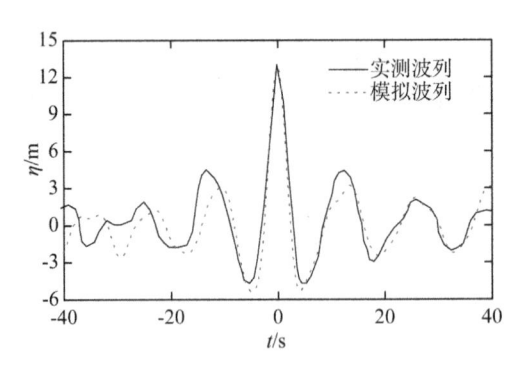

图 4.10　数值模拟和实测北海畸形波的比较

由图 4.10 可以看出，数值模拟畸形波和实测畸形波吻合较好；由图 4.11 可以看出，模拟波浪谱保持了实测波浪谱的真实结构，两者谱形吻合完好。

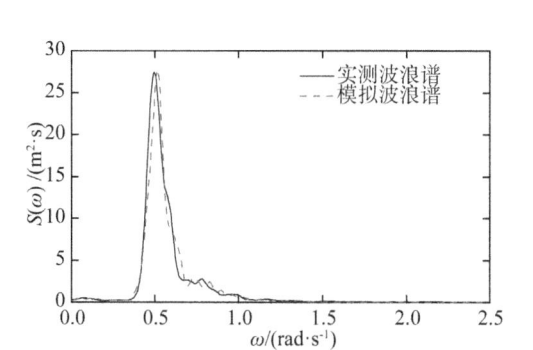

图 4.11 模拟波浪谱和实测北海波浪谱的比较

4.1.4 模拟高畸形度畸形波

从现有实测畸形波的记录不难发现,海洋中曾有高畸形度的畸形波出现。图 4.12 所示为 Stansell[63]在北海 North Alwyn 海域(水深 130 m)的一次台风天气中实测得到的包含畸形波的波列,从中可以看出十分突出的波峰。该波列中畸形波的波高为 18.04 m,波峰高 13.90 m,而有效波高仅 5.65 m,畸形波波高达到有效波高的 3.19 倍,畸形波特征参数分别为:$\alpha_1=3.19$,$\alpha_2=0.77$,$\alpha_3=2.30$,$\alpha_4=2.07$,可见该畸形波与上述畸形波相比具有较大的 α_1 和 α_2。

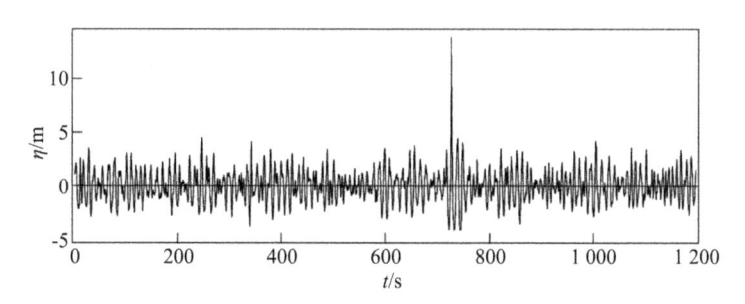

图 4.12 North Alwyn 海域实测畸形波波面时间序列

首先对图 4.12 所示的实测波列进行傅里叶变换(FFT),求得波列的频率谱,以该谱为目标谱输入,依据第 3 章中调制波数对畸形波特征参数的影响,α_1 和 α_2 随调制波数的增加而增大,故本次数值计算中选取组成波数 $M=120$,全部调制,在预定时刻 $t_c=730$ s 产生畸形波。波列模拟结果如图 4.13 所示。

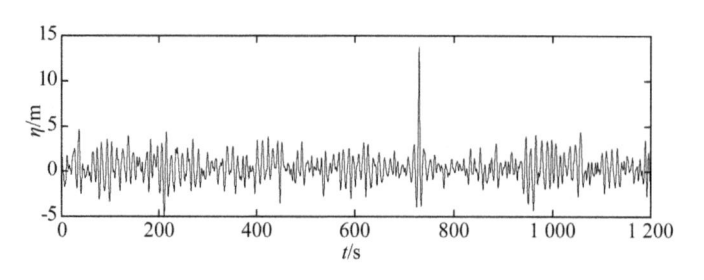

图 4.13 数值模拟高畸形度畸形波

由图 4.13 可见,在模拟波列的 730 s 时产生畸形波。该波列统计有效波高 $H_{1/3}=5.64$ m,畸形波波高 $H_{\max}=17.73$ m,波峰高 $\eta_c=13.56$ m,畸形波特征参数为 $\alpha_1=3.14$, $\alpha_2=0.76$, $\alpha_3=4.24$, $\alpha_4=2.80$。

表 4.4 给出了数值模拟畸形波与实测高畸形度畸形波特征参数的对比。

表 4.4 数值模拟畸形波与实测高畸形度畸形波特征参数的对比

	$H_{\max}$/m	η_c/m	α_1	α_2	α_3	α_4
实测值	18.04	13.90	3.19	0.77	2.30	2.07
数值模拟	17.73	13.56	3.14	0.76	4.24	2.80
相对误差	1.7%	2.4%	1.6%	1.3%	84.3%	35.3%

从表 4.4 可以看出,除了 α_3 和 α_4,主要特征参数畸形波波高、波峰高、α_1 和 α_2 与实测数据的相对误差均在 5% 以内,非常接近实测高畸形度畸形波的特征参数。

图 4.14 给出了数值模拟畸形波和实测畸形波的比较;图 4.15 给出了模拟波浪谱和实测波浪谱的对比。

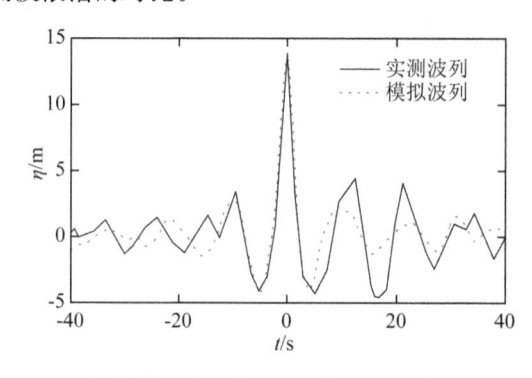

图 4.14 数值模拟畸形波和实测高畸形度畸形波的比较

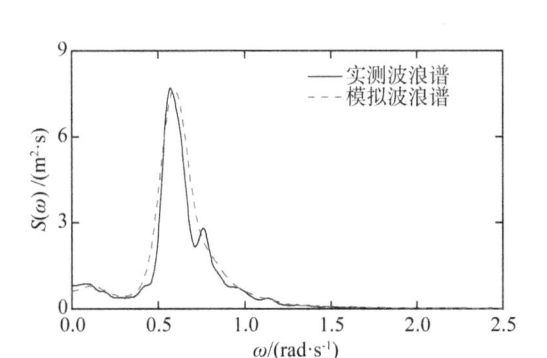

图 4.15 模拟波浪谱和实测高畸形度波浪谱的比较

由图 4.14 可以看出，模拟畸形波和实测畸形波吻合较好；由图 4.15 可以看出，模拟波浪谱保持了实测波浪谱的结构，两者谱形吻合较好。

综上可以看出，采用本书的数值模型能够模拟出外海实测畸形波的波序，畸形波波形和特征参数与天然畸形波接近，模拟结果既满足波浪序列的统计特性，又保持原有目标谱的结构，表明本书的模拟方法在数值模拟方面具有较强的适用性和有效性。

4.2 物理模拟

由于畸形波发生的不确定性和不可预知性，以及海浪的复杂多变和现场环境的恶劣，外海监测畸形波存在极大的困难，因此，有关畸形波的相关研究还依赖于实验室的模拟。

通过实验室再现畸形波，为深入研究畸形波的演化过程、生成机理、内外部结构以及畸形波对结构物的作用等相关特性提供了十分重要的基础条件。本节将把本书的数值方法应用于实验室，在二维水槽中实现畸形波的定时定点生成，并模拟外海实测畸形波，以验证本书方法在物理模拟方面的适用性和有效性。

4.2.1 畸形波的物理模拟及验证

4.2.1.1 试验方法

实验室常采用模拟天然波列的方法来进行特殊波列（如作为设计波浪的大波列）相关的研究。根据已知的波面时间序列数值推算到造波板处波浪运

动的时间序列,使用造波板运动造波,从而在预定地点产生所需要的波浪,通常采用如下的方法:

(1) 将已知波列进行傅里叶变换,求出各个组成波的振幅、频率和初相位。在本书中,采用新方法模拟包含畸形波的波高序列时各个组成波的振幅、频率和初相位已经由式(3.1)给出。

(2) 将波高的时间序列转化为造波机的驱动信号时间序列。假设造波板位于 $x=0$ 处,需要模拟 x 处的波浪,造波机的驱动信号由式(4.1)求得:

$$\xi(t) = \sum_{i=1}^{M} \frac{a_i}{T(\omega_i)} \cos(-\omega_i t + \theta_i) \tag{4.1}$$

式中:$T(\omega_i)$ 为造波系统的传递函数,是其固有特性,反映了造波系统的性能,$T(\omega_i)$ 通常由实验测定。

(3) 造波软件读取造波信号并发送给造波机进行造波。

上述计算求解的造波信号所产生的波浪为造波板位置处满足要求的波浪,由于受波浪传播变形的影响,在 x 处得到的波浪可能不满足要求。为此可采用如下过程进行物理模拟。

首先对满足要求的 x 处的波面 $\eta(x,t)$ 进行傅里叶变换,有:

$$S_\eta(\omega) = F[\eta(x,t)] \tag{4.2}$$

式中:符号 F 为傅里叶变换。为了得到能够产生该波浪的造波板运动的信号,根据线性理论,考虑造波板位置与所要求产生波浪的位置之间的相位差,可以写出造波板运动与该波浪波面之间的传递函数为:

$$T(\omega) = iT_2(\omega,d) e^{-ikx} \tag{4.3}$$

式中:i 表示造波板运动与其在造波板位置处产生的波面具有 90°的相位差;$T_2(\omega,d)$ 为造波机的水动力传递函数,对于推板式造波机,$T_2(\omega,d) = 4\sinh^2 kd/(2kd + \sinh 2kd)$;对于摇板式造波机,$T_2(\omega,d) = \frac{4\sinh kd}{kd}\left(\frac{1-\cosh kd + kd\sinh kd}{2kd + \sinh 2kd}\right)$;$d$ 为板前水深。因此根据线性系统分析原理,可得造波板运动的傅里叶变换为:

$$S_\xi(\omega) = T(\omega) S_\eta(\omega) \tag{4.4}$$

对其进行逆傅里叶变换,即可得到在水槽中位置 x 处产生要求的波浪的造波板运动,即

$$\xi(t) = F^{-1}[S_\xi(\omega)] \tag{4.5}$$

由于受波浪传播变形以及造波板系统产生波浪误差的影响，上述物理模拟产生的波浪有时难以满足要求，可以根据所产生的波浪参数分析结果对输入的波浪进行修正，重复上述过程，一般经过 2～3 次修正即可得到理想的结果。

4.2.1.2 造波设备和测量仪器

试验在大连理工大学海岸和近海工程国家重点实验室的海洋环境水槽中进行，该水槽长 50 m，宽 3 m，深 1 m，最大工作水深 0.7 m，如图 4.16 和图 4.17 所示，水槽的一端配备数字控制的液压伺服推板式造波机，另一端有斜坡消浪材料以减小波浪反射对实验的影响。

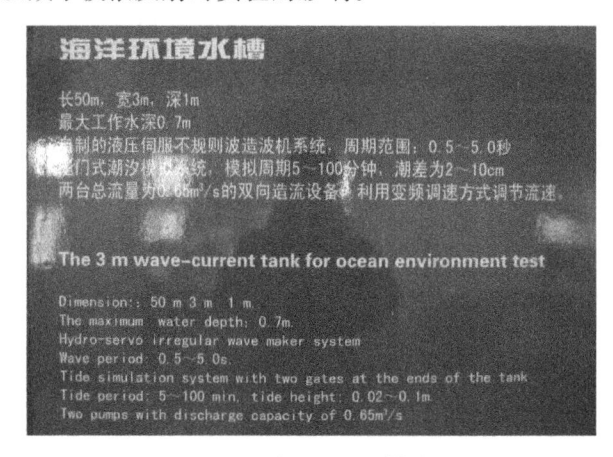

图 4.16 海洋环境水槽简介

图 4.17 造波机

实验中波面高度测量采用DS30型浪高仪测量系统。仪器内置模/数转换器，巡回采集各通道数据，64通道最小采样时间间隔为0.01 s(100 Hz)。该系统可同步测量多点波面过程并进行数据分析，已经在多个物理模型试验中应用，结果准确可信。每次试验前进行标定，标定线性度均大于0.999。

4.2.1.3 模拟参数

作为验证示例，本实验水深$d=0.5$ m；目标谱采用JONSWAP谱，谱峰升高因子取$\gamma=3.3$，有效波高和谱峰周期分别取2.5 cm和1.0 s；组成波数为60，全部调制；预定距离造波机$x_c=13$ m处和$t_c=40$ s产生畸形波。采样时间间隔0.02 s，采样点数为4 096，总采样长度为81.92 s。

4.2.1.4 浪高仪布置

浪高仪布置如图4.18所示，在距离造波机13 m处布置浪高仪，该浪高仪与计算机相连接，采集并分析试验数据。

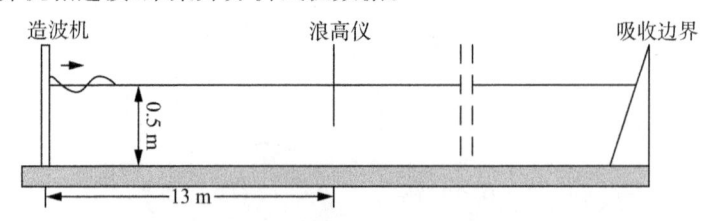

图4.18 畸形波试验布置示意图

4.2.1.5 模拟结果

试验观察发现，在聚集点处发生了明显的波浪聚焦现象，波峰明显提升。图4.19给出了距离造波机13m处浪高仪采集到的随机波浪的波面时间波列。

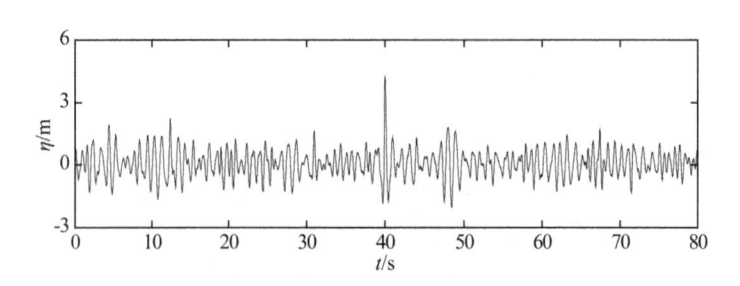

图4.19 距造波机13 m处采集到的波高时间序列

在图4.19中，该随机波列有效波高$H_{1/3}=2.52$ cm，最大波高$H_{max}=$

6.10 cm,波峰高 η_c=4.28 cm,其特征参数为 α_1=2.42,α_2=0.70,α_3=3.48,α_4=2.02,满足畸形波的全部定义,表明采集波列中产生了畸形波。畸形波的发生时间确实在预定40 s处,该波面时间序列在距离造波机13m的位置采集到,表明该畸形波确实在预定地点产生,从而证明本书的模拟方法可以在水槽中实现定时定点生成畸形波。

图4.20给出了造波机模拟波列的波浪谱和目标谱的对比,两者吻合较好,表明相位调制新方法可以保持目标谱的真实结构。

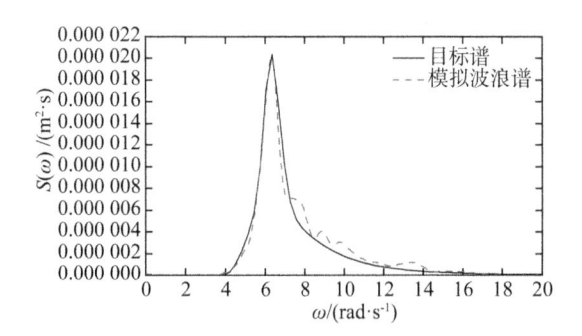

图 4.20　造波机模拟波浪谱和目标谱的对比

将采集到的波高时间序列的波高超值累积概率分布和 Rayleigh 分布进行比较,结果如图4.21所示。

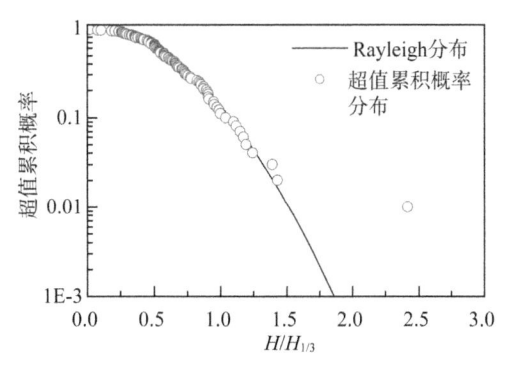

图 4.21　造波机模拟波列的波高超值累积概率分布和 Rayleigh 分布的比较

由图4.21可见,除了畸形波一个点偏离 Rayleigh 分布以外,其余点均和 Rayleigh 分布吻合较好。

由此可以看出,采用相位调制新方法能够在水槽中实现畸形波的定时定点生成,模拟结果既满足波浪序列的统计特性,又保持目标谱的结构,符合随机波浪的模拟要求,证明本书的模拟方法合理、有效。

下面将应用本书的方法,模拟外海实测畸形波,验证本书方法的适用性。

在以下模拟试验中,畸形波的预定产生位置和时间均设为距离造波机 $x_c=$ 13 m 处和 $t_c=40$ s。

4.2.2 物理模拟"新年波"

按照 1∶200 的比尺将实测"新年波"波面时间序列(图 1.6)缩小,将缩小后的波谱作为目标谱输入,采用相位调制新方法模拟畸形波。模拟水深 $d=$ 0.35 m。

采用尝试法,组成波数 $M=60$,全部调制时得到了较为理想的模拟结果。在预定位置处浪高仪采集到的波面时间序列如图 4.22 所示。

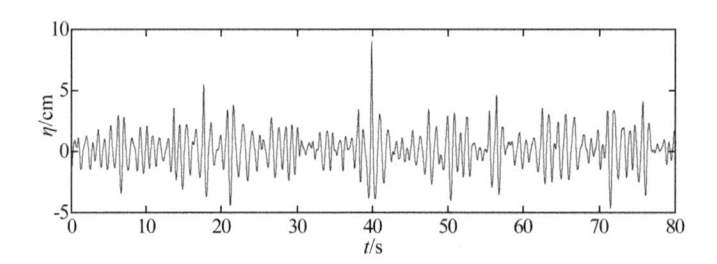

图 4.22 模拟"新年波"波面时间序列

在图 4.22 中,模拟波列的有效波高 $H_{1/3}=6.10$ cm,最大波高 $H_{max}=$ 12.81 cm,波峰高 $\eta_c=8.97$ cm,畸形波特征参数为:$\alpha_1=2.10$,$\alpha_2=0.70$,$\alpha_3=$ 2.18,$\alpha_4=2.15$。

表 4.5 给出了物理模拟"新年波"与实测"新年波"特征参数的对比,其中,根据模型比尺将物理模拟结果换算至原型值,下同。

表 4.5 物理模拟"新年波"与实测"新年波"特征参数的对比

	H_{max}/m	η_c/m	α_1	α_2	α_3	α_4
实测值	25.60	18.50	2.15	0.72	2.25	3.99
物理模拟	25.62	17.94	2.10	0.70	2.18	2.15
相对误差	0.08%	3.0%	2.3%	2.8%	3.1%	46.1%

从表 4.5 可以看出,除了 α_4,模拟畸形波波高、波峰高、α_1、α_2 和 α_3 等特征参数与实测数据的相对误差均小于 5%,十分接近实测"新年波"的特征

参数。

图 4.23 给出了物理模拟"新年波"和实测"新年波"的对比,图 4.24 给出了物理模拟波浪谱和实测"新年波"谱的对比。

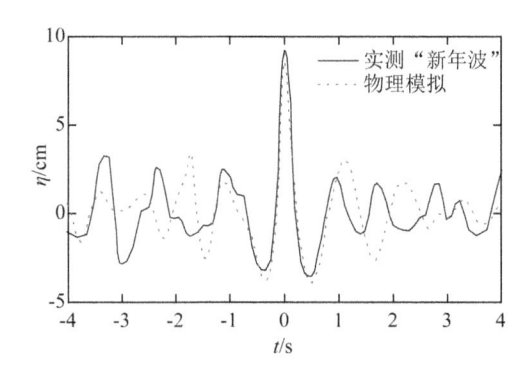

图 4.23 物理模拟"新年波"和实测"新年波"的对比

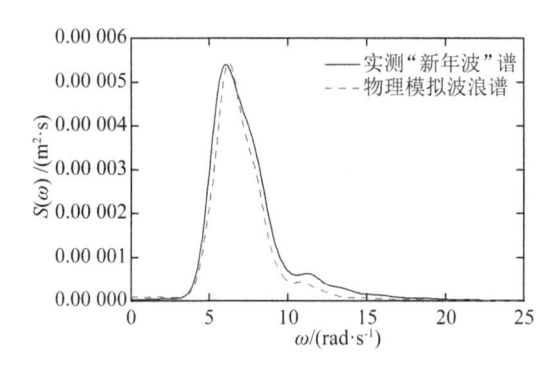

图 4.24 物理模拟波浪谱和实测"新年波"谱的对比

由图 4.23 可以看出,模拟畸形波和实测"新年波"吻合完好;由图 4.24 可以看出,模拟波浪谱保持了实测"新年波"谱的结构,两者谱型吻合较好。

4.2.3　物理模拟日本海畸形波

按照 1∶100 的比尺将实测畸形波的波面序列(图 4.4)缩小,将缩小后的波谱作为目标谱;模拟水深 $d = 0.43$ m。

组成波数 $M = 60$,同样在全部调制时获得了理想的模拟结果。图 4.25 所示给出了预定位置 13 m 处浪高仪采集到的波面时间序列。

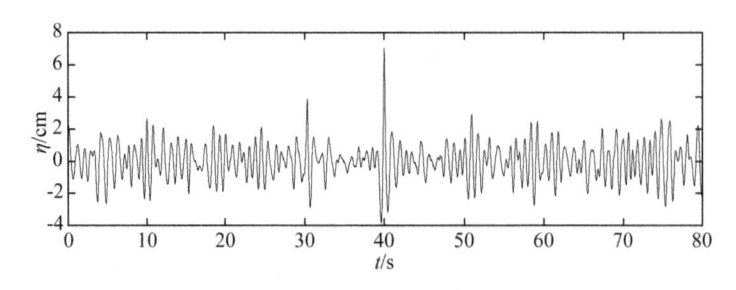

图 4.25 物理模拟 Y88121401 波列畸形波

图 4.25 中，模拟波列的统计有效波高 $H_{1/3}=4.49$ cm，最大波高 $H_{max}=10.88$ cm，波峰高 $\eta_c=7.29$ cm，畸形波特征参数为：$\alpha_1=2.42$，$\alpha_2=0.67$，$\alpha_3=9.84$，$\alpha_4=2.17$。

表 4.6 给出了物理模拟畸形波与日本海实测畸形波特征参数的对比。

表 4.6　物理模拟畸形波与日本海实测畸形波特征参数的对比

	H_{max}/m	η_c/m	α_1	α_2	α_3	α_4
实测值	11.16	7.43	2.42	0.67	3.03	2.02
物理模拟	10.88	7.29	2.42	0.67	9.84	2.17
相对误差	2.5%	1.9%	0%	0%	224.8%	7.4%

从表 4.6 可以看出，除了 α_3 和 α_4，模拟结果中畸形波波高、波峰高、α_1 和 α_2 与实测数据的相对误差均在 5% 以内，模拟畸形波的特征参数十分接近日本海实测畸形波的特征参数。

图 4.26 给出了模拟得到的畸形波和实测畸形波的对比，模拟波浪谱和目标谱的对比见图 4.27。

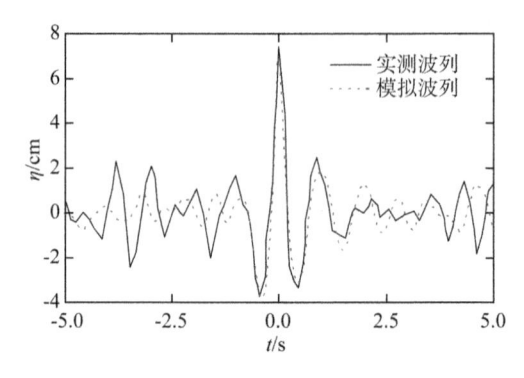

图 4.26　物理模拟和实测畸形波 Y88121401 的比较

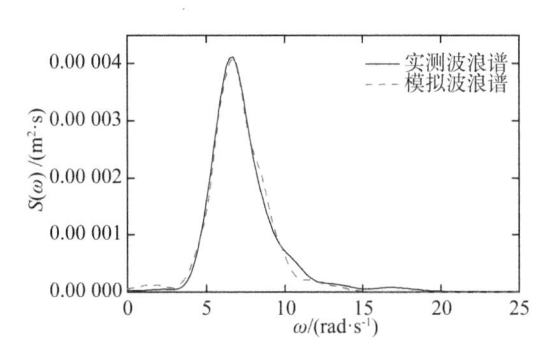

图 4.27 物理模拟波浪谱和实测波浪谱的比较

由图 4.26 可以看出，物理模拟畸形波和实测畸形波吻合非常好；由图 4.27 可以看出，模拟波浪谱保持了实测波浪谱的结构，两者谱形吻合较好。

4.2.4 物理模拟北海畸形波

按照 1∶200 的比尺将实测北海畸形波的波面时间序列（图 4.8）缩小，将缩小后的波谱作为目标谱，采用相位调制新方法模拟畸形波。模拟水深 $d = 0.63$ m。

试验中发现组成波数取 $M = 60$、全部调制时模拟结果较为理想；在预定位置 13 m 处浪高仪采集到的波面时间序列如图 4.28 所示。

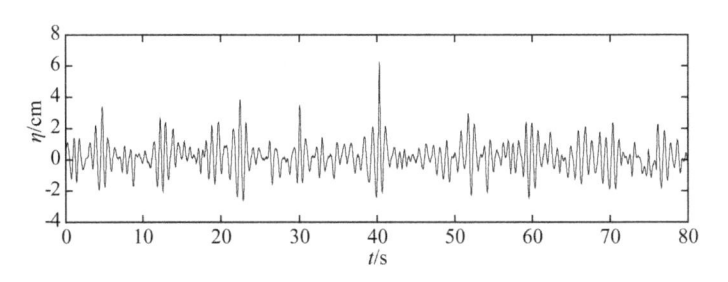

图 4.28 物理模拟畸形波波列

图 4.28 中，模拟波列统计有效波高 $H_{1/3} = 3.97$ cm，最大波高 $H_{max} = 8.82$ cm，波峰高 $\eta_c = 6.27$ cm，畸形波特征参数为：$\alpha_1 = 2.22$，$\alpha_2 = 0.71$，$\alpha_3 = 2.44$，$\alpha_4 = 2.05$。

表 4.7 给出了物理模拟畸形波与北海实测畸形波特征参数的对比。

表 4.7 物理模拟畸形波与北海实测畸形波特征参数的对比

	H_{max}/m	η_c/m	α_1	α_2	α_3	α_4
实测值	18.16	13.26	2.31	0.73	2.82	2.00
物理模拟	17.64	12.54	2.22	0.71	2.44	2.05
相对误差	2.9%	5.4%	3.9%	2.7%	13.5%	2.5%

从表 4.7 可以看出，除了 α_3 大于 5%，η_c 稍大于 5% 以外，模拟结果中畸形波波高、α_1、α_2 和 α_4 与实测数据的相对误差均在 5% 以内，总体来说模拟畸形波的特征参数与实测北海畸形波的特征参数吻合较好。

图 4.29 给出了模拟得到的畸形波和实测畸形波的对比，图 4.30 给出了模拟波浪谱和实测波浪谱的对比。

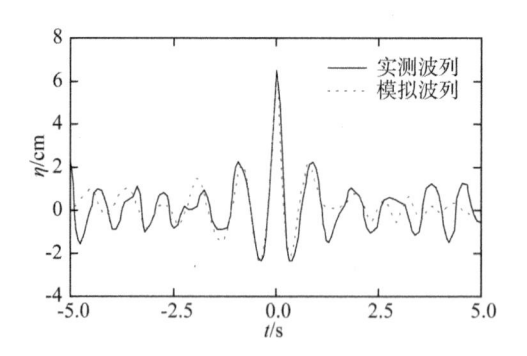

图 4.29 物理模拟和实测北海畸形波的比较

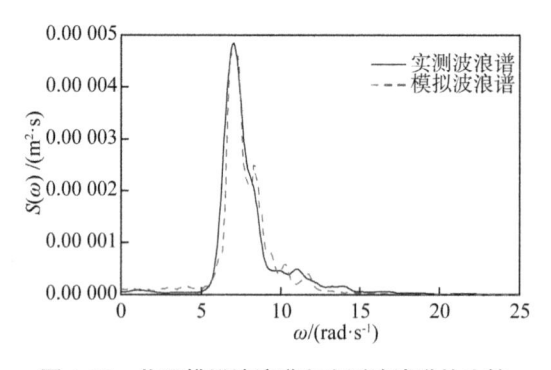

图 4.30 物理模拟波浪谱和实测波浪谱的比较

由图 4.29 可以看出,物理模拟畸形波和实测畸形波吻合完好;由图 4.30 可以看出,物理模拟波浪谱保持了实测波浪谱的结构,两者谱形吻合较好。

4.2.5 物理模拟高畸形度畸形波

将实测北海高畸形度畸形波的波高序列(图 4.12)按照 1∶200 的比例缩小,将缩小后的波谱作为目标谱输入。模拟水深 $d = 0.65$ m。

先选取组成波数 $M = 100$,将其全部调制。

模拟结果发现,在波浪传播过程中,在预定聚焦点前波浪发生强烈的破碎,在聚集点也出现了畸形波,但是模拟波列中畸形波的 α_1 和 α_2 均小于实测畸形波的 α_1 和 α_2,其畸形度达不到实测畸形波的畸形度。

若减小组成波数和调制波数,使波浪在聚焦点前不发生破碎,而在聚焦点模拟出现的畸形波的畸形度依然小于实测畸形波的畸形度,表明本书的方法在二维水槽中还不能实现高畸形度畸形波的模拟,这或许与二维模拟的局限性有关,实际的海洋是三维的,受各个方向波浪的影响,在三维水池中应用本书的方法能否实现实测高畸形度畸形波的模拟,还有待于进一步的试验验证。

为了尝试采用本书的方法模拟出高畸形度的畸形波,故选取了波陡较小的非破碎工况。作为尝试性的模拟,目标谱仍采用 JONSWAP 谱,模拟参数取有效波高 $H_s = 2.5$ cm,谱峰周期 $T_p = 1.2$ s,谱峰升高因子取 $\gamma = 3.3$,水深 $d = 0.5$ m;组成波数选取 $M = 100$,全部调制;距离造波机 $x_c = 13$ m 处设为聚集点;为了尽量避免波浪反射对试验造成的不利影响,将预定产生畸形波的时间设定为 $t_c = 20$ s。

模拟结果如图 4.31 所示,图 4.32 为图 4.31 中畸形波的放大。

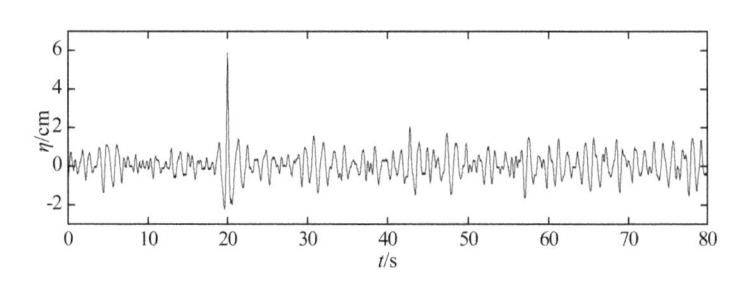

图 4.31 模拟高畸形度畸形波的波列

由图 4.31 和图 4.32 可见,在预定时间 20 s 产生了畸形波。模拟波列的有效波高 $H_{1/3}=2.47$ cm,最大波高 $H_{max}=7.90$ cm,波峰高 $\eta_c=5.92$ cm,畸形波特征参数为 $\alpha_1=3.21, \alpha_2=0.75, \alpha_3=5.33, \alpha_4=2.31$。可见,该畸形波具有较大的 α_1 和 α_2,畸形度较高,表明在波陡较小的非破碎波况下,本书的模拟方法可以实现高畸形度畸形波的生成。

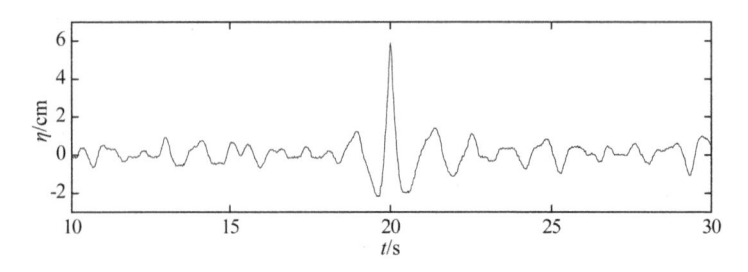

图 4.32 模拟畸形波波列的放大

4.3 本章小结

应用本书的模拟方法,通过数值模拟"新年波"等 4 个外海实测含有畸形波的波序,证明了本书的方法模拟畸形波具有优良的精度和较高的效率,模拟结果既可以满足波浪序列的统计特性,又保持目标谱的结构。其中,应用本书方法模拟出了 α_1 达到 3.14 且 α_2 达到 0.76 的高畸形度畸形波,非常接近 α_1 达到 3.19 且 α_2 达到 0.77 的外海实测畸形波,模拟结果与实测畸形波吻合良好,表明了相位调制新方法具有很强的适用性。

将数值方法应用到实验室,在二维波浪水槽中预定地点和时间生成了畸形波,模拟结果既满足波浪序列的统计特性,又保持目标谱的结构,表明本书的模拟方法能够用于实验室生成畸形波,且可以实现畸形波的定时定点生成,模拟结果满足随机波浪的模拟要求。

通过物理模拟"新年波"、日本海畸形波和北海畸形波等外海实测畸形波的波序,证明了本书的方法可以实现外海实测一般畸形波的物理生成;但是对于实测高畸形度畸形波的模拟,试验过程中由于波浪在聚集点前发生破碎而未能成功模拟,说明本书的方法在二维水槽中模拟实测畸形波还存在不足,这或许和二维模拟的局限性有关,实际的海浪是三维的,三维中能否模拟出该实测高畸形度的畸形波,还待进一步的试验验证。

虽然本书方法在二维水槽中未能模拟出实测高畸形度的畸形波,但是可以模拟波陡较小的非破碎情况下的高畸形度畸形波,这从侧面说明,波浪的破碎阻碍了最大波高的发展。

总的来说,数值模拟和物理模拟两方面均表明本书方法具有较强的适用性和有效性。

5

畸形波空间演化的物理研究

实际的海浪是在空域和时域上高度不规则、不重复的物理现象,由于受众多因素的影响,其变化形式无法预先确知。畸形波是瞬时存在、难以预测的波浪现象,其观测资料十分缺乏,已有的畸形波记录都是定点采集,单点测量,只能获得一点的波高时间过程,无法获得在该点之前和之后的波面时间过程,也不能获取整个波浪场的空间特征。人们在关心一点波浪特征的同时也关心其他点的波浪特征,以了解和认识畸形波的发展来源和消亡去向。因此,畸形波的空间模拟比时域模拟更受人们的青睐。

开展畸形波的空间演化模拟研究,可分析波浪运动的聚焦过程,获得畸形波的形成发展过程的全貌,全面地考察畸形波的来源和去向,进而为研究畸形波的生成机理和畸形波的预报提供重要参考。

由于问题的复杂性(如波浪破碎、非线性、外界干扰、模拟参数等因素对模拟结果的影响)和实验设备的限制,畸形波空间演化方面的模拟研究鲜见报道[92-95],特别是国内,这方面的研究成果十分有限[20]。

Osborne等人[94]基于非线性薛定谔方程数值模拟了畸形波的空间演化过程,指出在聚焦点前后都有"海中之洞"出现;Trulsen[92]数值计算推算了"新年波"的空间演变过程后指出,在"新年波"发生前有一个大波谷形成;Dyachencko和Zakharov[46]总结目击者对畸形波的描述后也得出畸形波发生前常伴有一个大波谷出现,本章在实验室生成畸形波的基础上,开展畸形波的演化过程研究,对上述畸形波的演变特征进行验证。

另外,通过研究畸形波的空间演化过程,可以获得畸形波的生存时间和传播距离,了解其特性,进而在遭遇畸形波时能够及时作出应对措施和补救方案,减少或避免其带来的伤害。

5 畸形波空间演化的物理研究

鉴于此,本章开展了畸形波的空间演化过程的物理模拟研究。首先,研究波浪在聚焦过程中波形的演变,分析 α_1 和 α_2 在聚集点前后的变化过程,并观察在聚焦点前后有无大波谷出现;其次,通过物理模拟试验重点研究不同波况下畸形波的生存时间和传播距离。

本章的模拟仅限于二维情况。

5.1 畸形波的演化过程

本节采用物理模拟的方法来研究畸形波的空间演化过程,并选取相同的模拟参数进行数值计算,将计算结果与物理模拟结果进行对比,以验证数值模拟结果的有效性。

为确定波浪传播过程中波峰波谷的变化,特引入无因次参数 α_c 和 α_t, $\alpha_c = \eta_c/H_s$,$\alpha_t = \eta_t/H_s$,其中 η_c 和 η_t 分别为波浪传播过程中最大波高对应的波峰值和波谷值,α_c 和 α_t 反映了波峰的相对高度和波谷的相对深度。

在波列中出现满足畸形波定义主要条件和次要条件的前提下,由 α_1 和 α_2 的关系式可以得到 $\alpha_c = \eta_c/H_s \geqslant 1.3$,此为波列中出现大波峰的条件;类似的,把满足 $\alpha_t = \eta_t/H_s \geqslant 1.3$ 作为波列中出现大波谷的条件。

5.1.1 物理模拟

(1) 试验设备

试验在大连理工大学海岸和近海工程国家重点实验室的海洋环境水槽中进行(图 4.17,图 4.18)。

(2) 模拟参数

模拟采用 JONSWAP 谱,取有效波高 $H_s = 2.00$ cm,谱峰周期 $T_p = 1.0$ s,水深 $d = 0.5$ m,谱峰升高因子 $\gamma = 3.3$;波浪聚焦点设为距离造波机 $x_c = 13$ m 和 $t_c = 40$ s;组成波数取 $M = 60$,全部调制。

(3) 浪高仪布置

在聚焦点前 5 m 和聚焦点后 4.8 m 共 9.8 m 的范围内每 0.2 m 布置一个浪高仪,共布置 50 个;浪高仪编号按波浪传播方向依次为 1#~50#,其中 26# 位于预定的波浪聚焦点。浪高仪布置及波浪水槽示意图如图 5.1 所示,图 5.2 为浪高仪在水槽内的实际布置情况。

依据拟定的模拟参数,可推算出模拟波浪的特征波长为 1.51 m,浪高仪布置长度约为特征波长的 6.5 倍。

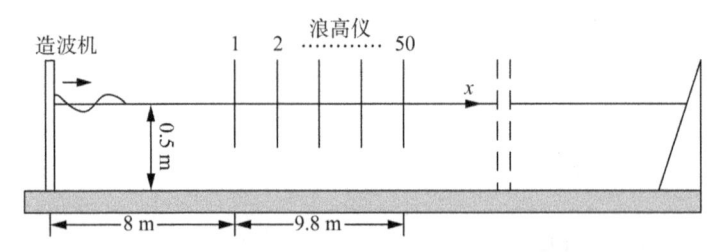

图 5.1　实验布置示意图

图 5.2　浪高仪布置

波谱控制位置设在波浪聚焦点,波浪采样长度设为 4 096,采样时间间隔设为 0.02 s,最后一个浪高仪为采样开始控制点。

(4) 模拟结果及分析

共进行了 10 组不同波序的试验,从中选取 1 组进行分析。图 5.3 汇总了 1#～50# 浪高仪采集波列中 20～60 s 的波高时间过程,该时间长度内足以观察到波浪聚焦和分散的过程。

对 1#～50# 浪高仪采集到的波高时间序列进行统计,将各输出点的位置到聚焦点的距离相对于特征波长作无因次化处理。模拟波列中 20～60 s 范围内最大波高与有效波高的比值($\alpha_1 = H_{max}/H_s$)的变化如图 5.4 所示。图 5.5 给出了波列中在满足 $\alpha_1 \geqslant 2.0$ 的条件下最大波高对应的波峰高度与最大波高的比值($\alpha_2 = \eta_c / H_{max}$)的变化。

从图 5.3～图 5.5 中可以发现,在预定聚焦点波列中 40 s 时形成了满足 $\alpha_1 \geqslant 2.0$ 且 $\alpha_2 \geqslant 0.65$ 的畸形波,说明物理模拟中实现了畸形波的定时定点生成。

由图 5.4 可以看出,在聚焦点前 3.3 倍特征波长的地方 $\alpha_1 < 2.0$,无畸形波形成,表明波浪能量分散在各个波中;随着波浪向聚焦点方向的传播,α_1 逐渐增大,表明波浪能量逐渐向聚焦点汇聚,在距离聚焦点 1.2 倍特征波长的位置形成了满足 $\alpha_1 \geqslant 2.0$ 的畸形波;α_1 在聚焦点附近达到最大且相对稳定,表明波浪能量在此处达到完全汇聚;随着波浪向前传播,α_1 逐渐减小,在聚焦点

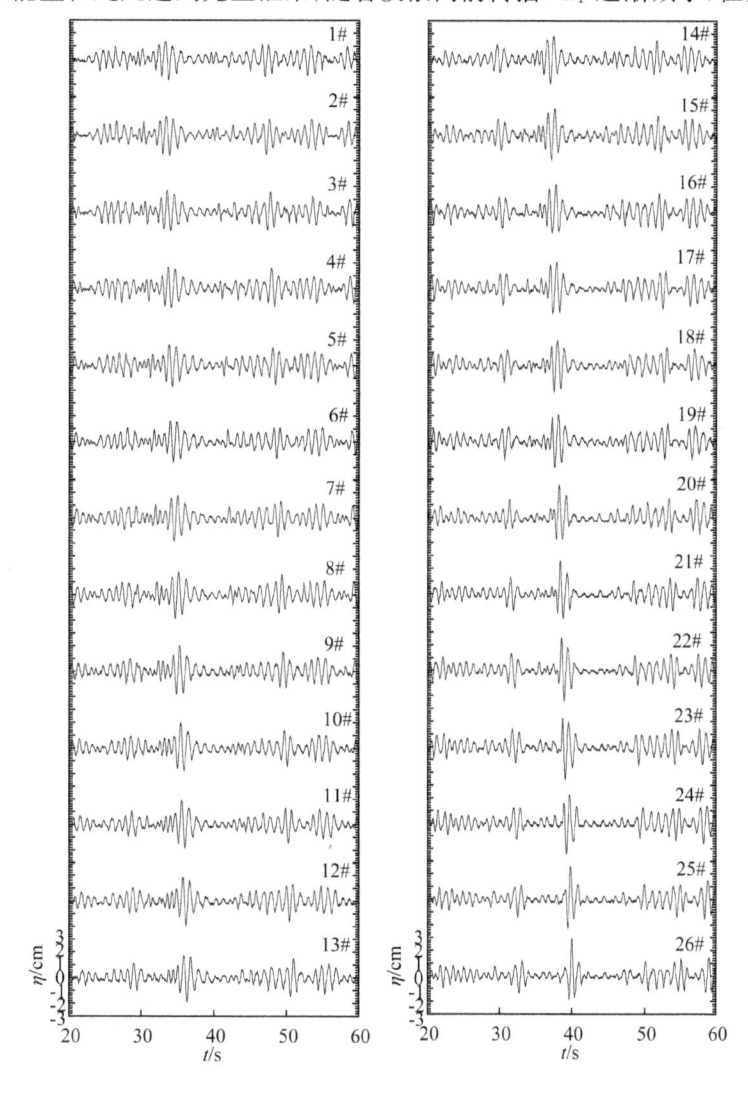

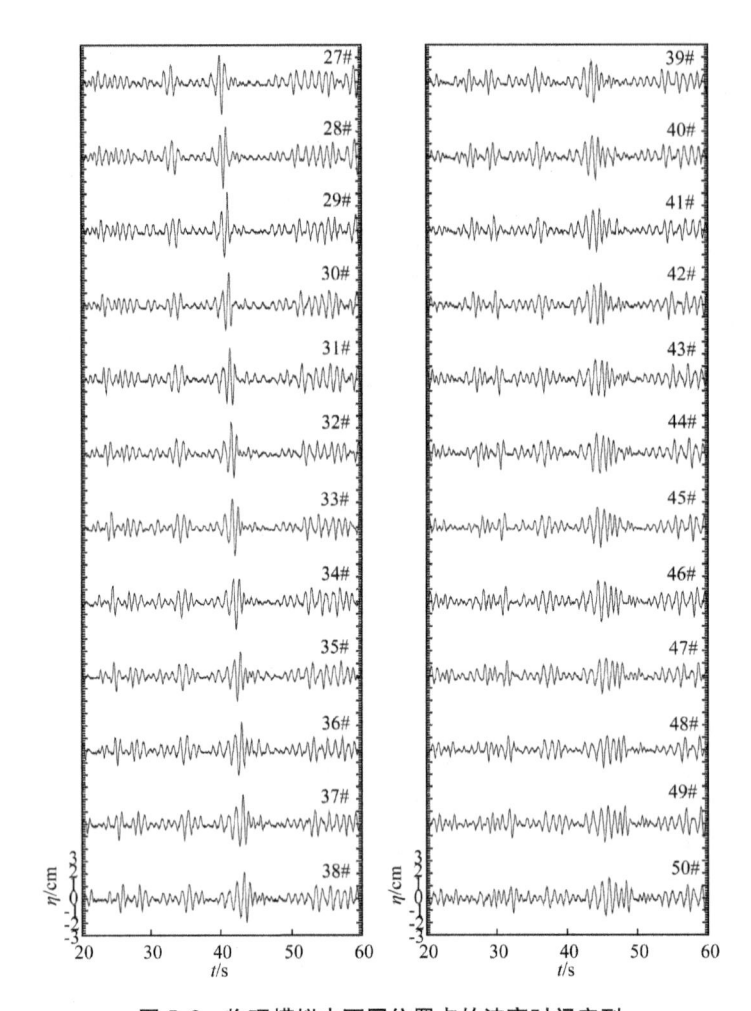

图 5.3　物理模拟中不同位置点的波高时间序列

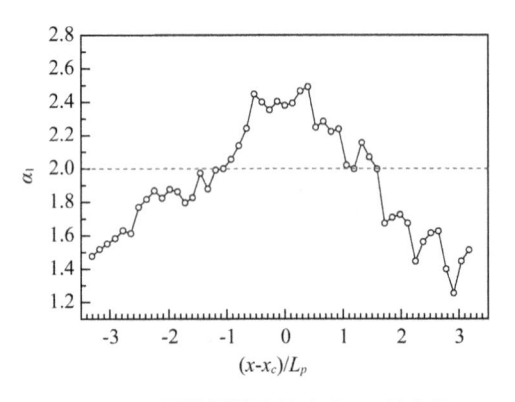

图 5.4　不同位置输出波序中 α_1 的变化

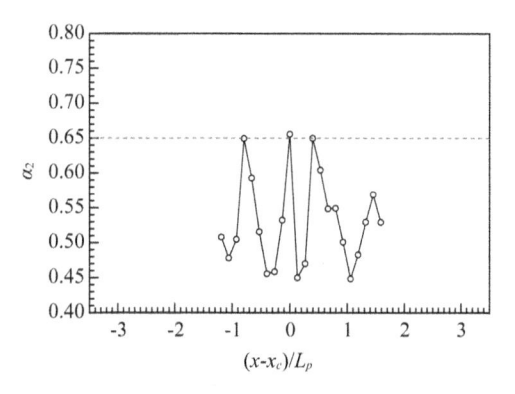

图 5.5 不同位置输出波序中 α_2 的变化

后 1.6 倍特征波长的地方出现 $\alpha_1 < 2.0$，之后无畸形波出现，表明畸形波的能量逐渐分散在各个波中。

上述 α_1 的变化曲线呈单峰型分布，且在聚焦点前 0.9 倍特征波长和聚焦点后 1.6 倍特征波长的地方表现出快速上升和急速下降的态势，符合畸形波突然出现又很快消失的特征。

由图 5.5 可以看出，在聚焦点前 1.2 倍特征波长和聚焦点后 1.6 倍特征波长之间，除了在预定聚焦点形成满足 $\alpha_2 \geq 0.65$ 的畸形波以外，还在聚焦点前 0.8 倍特征波长和聚焦点后 0.4 倍特征波长的地方两次形成满足 $\alpha_2 \geq 0.65$ 的畸形波，也就是说，在畸形波的发展演化过程中，可以多次形成单峰畸形波。Slunyaev 等人[65]采用 Dysthe 方程和非线性薛定谔方程数值推算了实测北海畸形波的空间演变后指出，在畸形波的形成过程中可以产生一个或多个波峰"突变"。本试验验证了 Slunyaev 等人的计算结果。不过，多次大波峰的出现，可能和波浪能量的聚焦程度以及波浪破碎等因素有关。

下面统计各个采集点波列中的 α_c 和 α_t 的变化，考察在满足 $\alpha_1 \geq 2.0$ 的前提下，波列中出现大波峰和大波谷的情况。图 5.6 和图 5.7 给出了统计结果。

由图 5.6 可以看出，在满足 $\alpha_1 \geq 2.0$ 的范围内，除在预定聚焦点出现满足 $\alpha_c \geq 1.3$ 的大波峰之外，分别在聚焦点前 0.8 和 0.7 倍特征波长以及聚焦点后 0.4 和 0.5 倍特征波长的地方出现了满足 $\alpha_c \geq 1.3$ 的大波峰，α_c 的值从左到右依次为 1.31、1.31、1.46、1.55 和 1.31，表明聚焦方法模拟畸形波的过程中，在聚焦点前后均可以形成大波峰。

由图 5.7 可以看出，在聚焦点前 0.4 倍和聚焦点后 0.26 倍特征波长的位置 α_t 的值均为 1.30，表明在聚焦点前后出现了大波谷。

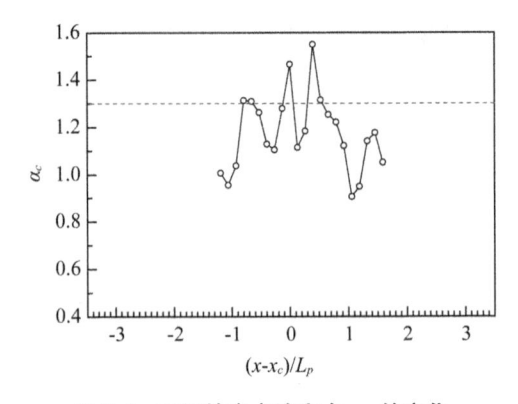

图 5.6　不同输出点波序中 α_c 的变化

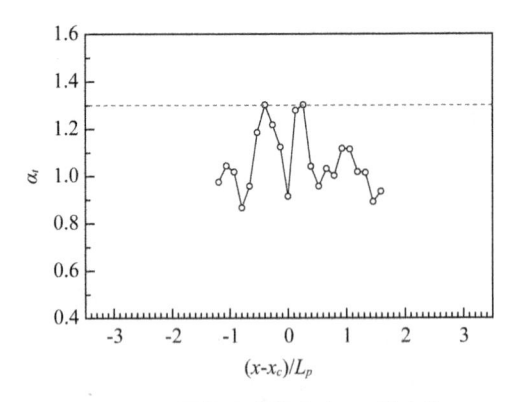

图 5.7　不同输出点波序中 α_t 的变化

另外,从图 5.4 中可以看出,α_1 最大值并未出现在聚焦点处,这并不表示波浪能量不在该处达到集中,波浪能量最集中的表现是 α_1 和 α_2 的联合表现,由图 5.5 可见,在聚焦点处 α_2 的值达到最大。同时,在预定聚焦点附近的 0.9 倍特征波长的范围内,α_1 变化不大,说明波浪能量几乎是平行传播,而从图 5.6 和图 5.7 中不难看出,在波浪传播过程中,经历着波峰能量和波谷能量的相互转化。

整个物理试验过程表明,在波浪能量汇聚生成畸形波的过程中,波形的演化特征是:随着波浪能量逐渐汇聚,最大波高逐渐增大至形成 $\alpha_1 \geqslant 2.0$ 的畸形波,之后 α_1 逐渐增大,在聚焦点附近达到最大,之后 α_1 逐渐减小,至 $\alpha_1 \leqslant 2.0$,无畸形波形成,波浪能量渐渐分散到各个波中。在畸形波的发展演化过程中,经历着多次波峰与波谷的相互转化,但是这种转化不是无限次的,其转化的次数可能与波浪能量的集中程度、波浪破碎以及非线性强弱等因素有关,这还需进一步的试验验证。

5.1.2 数值模拟

(1) 模拟参数

为了便于和物理模拟结果相比较,数值模拟选取和物理模拟相同的参数。

(2) 模拟结果

图 5.8 给出了上述设定 50 个输出点 20～60 s 波浪聚焦范围内的波高时间序列,同样,该时间长度内足以观察到波浪聚焦和分散的过程。

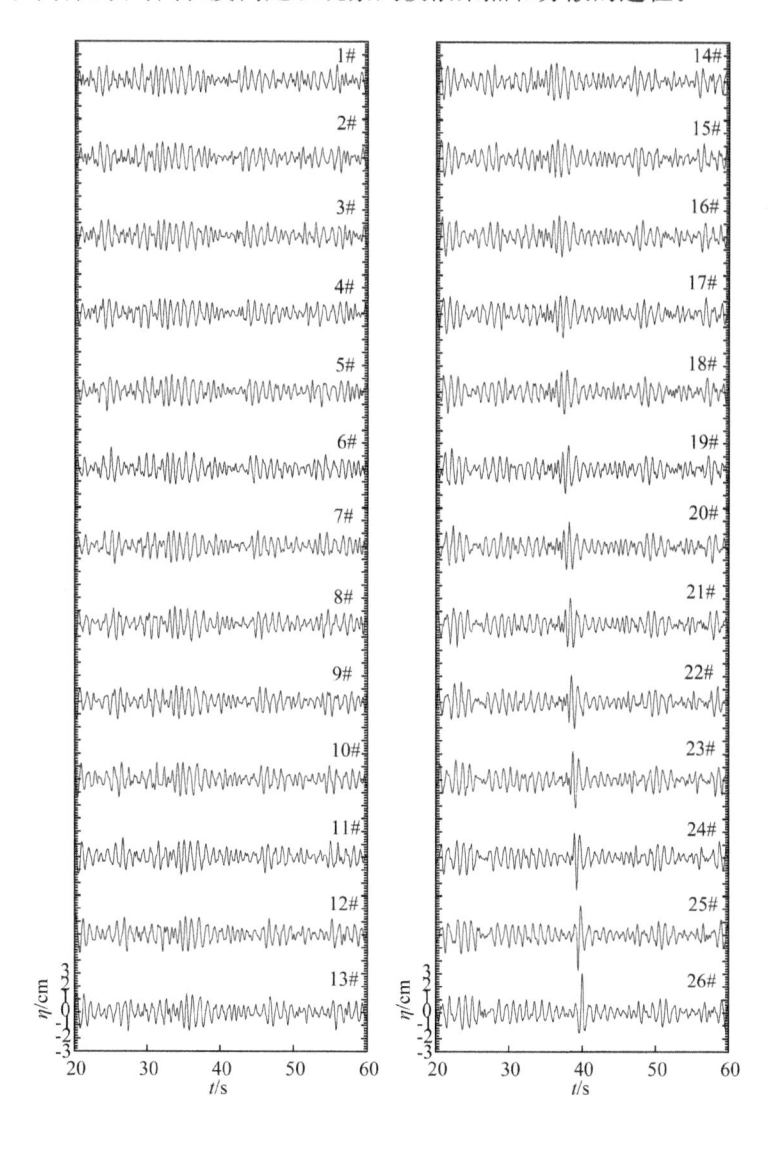

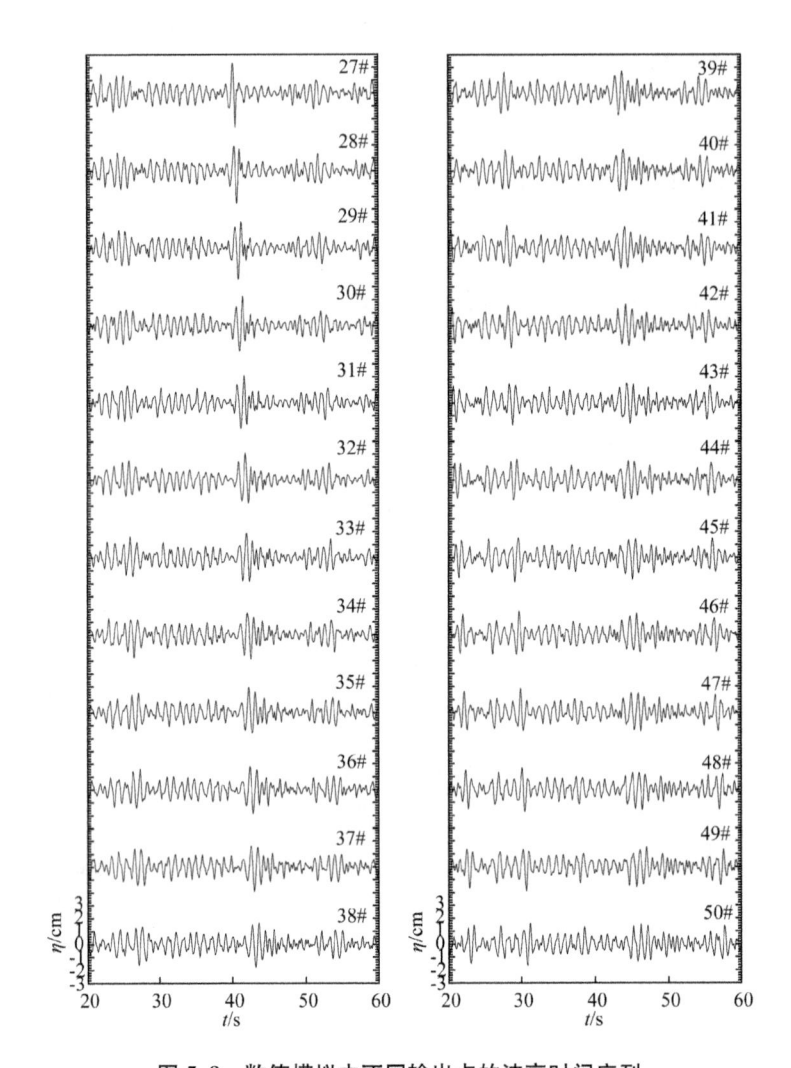

图 5.8 数值模拟中不同输出点的波高时间序列

对图 5.8 中 1#～50# 输出的波面时间序列进行统计，考察波列中 20～60 s 范围内最大波高与有效波高的比值（$\alpha_1 = H_{\max}/H_s$）在波浪传播过程中的变化，统计结果如图 5.9 所示。

在满足 $\alpha_1 \geqslant 2.0$ 的前提下，考察最大波高对应的波峰高度与最大波高的比值（$\alpha_2 = \eta_c/H_{\max}$）在波浪传播过程中的变化，图 5.10 给出了统计结果。

从图 5.8～图 5.10 中可以看出，在预定聚焦点波列中 40 s 时形成了满足 $\alpha_1 \geqslant 2.0$ 且 $\alpha_2 \geqslant 0.65$ 的畸形波，本数值计算实现了畸形波的定时定点生成。

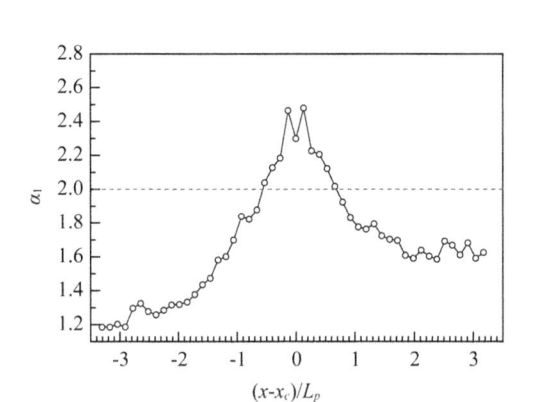

图 5.9　不同输出点波序中 α_1 的变化

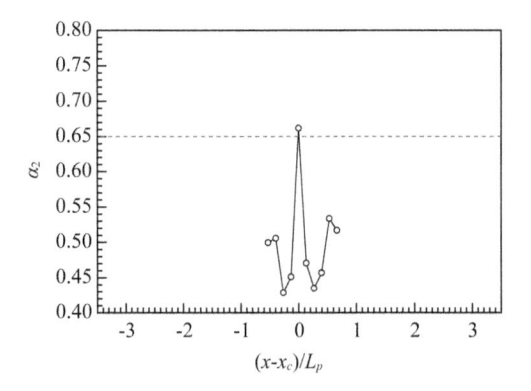

图 5.10　不同输出点波序中 α_2 的变化

与物理模拟结果相类似,从图 5.9 中可以看出,整个 α_1 的变化曲线呈急速上升又迅速下降的尖峰型分布,表明波浪能量先聚焦后分散,同时也符合畸形波突然出现又很快消失的特征。

下面考察不同位置输出波列中 α_c 和 α_t 的变化情况。图 5.11 和图 5.12 给出了统计结果。

由图 5.11 可以看出,在预定聚焦点处的输出波列中 α_c 最大,$\alpha_c = 1.52 > 1.3$,表明波列中出现了大波峰。

由图 5.12 可以看出,在聚焦点前后 0.26 倍特征波长的地方,α_t 的值分别为 1.35 和 1.31,均大于 1.3,表明在聚焦点前后各出现了一个大波谷。

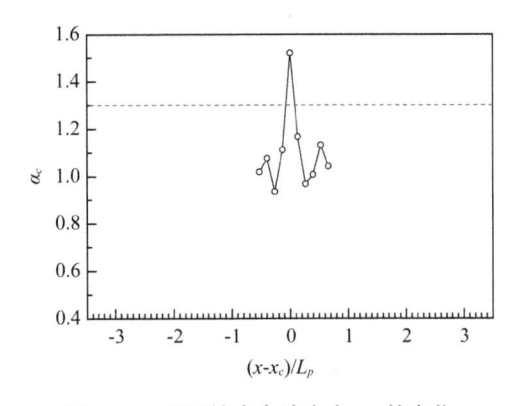

图 5.11　不同输出点波序中 α_c 的变化

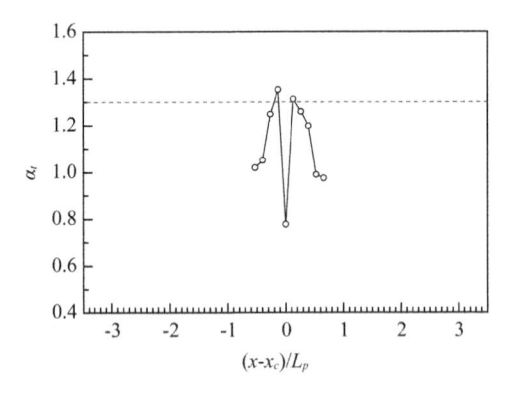

图 5.12　不同输出点波序中 α_t 的变化

综上所述,物理模拟和数值计算结果均表明,在波浪聚焦点前后,均有大波谷形成,证明了研究学者关于"海中之洞"是畸形波发生前和发生后形成的这一结论的正确性,同时,符合目击者关于"畸形波发生前有一个大波谷出现"的描述,表明本书方法的模拟结果可以反映外海畸形波的发生现象,从而证明了本书模拟方法的有效性和适用性。

5.2　畸形波的生存时间和传播距离

鉴于畸形波是一种强非线性波浪,本书数值方法基于线性叠加,若采用本书数值方法研究畸形波的生存时间和传播距离,由于未考虑波浪的非线性作用,模拟结果可能与实际结果存在较大误差,因此,关于畸形波的生存时间和传播距离的研究宜采用物理模拟的方法,并选择不同的模拟参数来尽可能详细地分析模拟结果。

天然海况下,海浪的传播受风、海流、地形、非线性波波相互作用以及波能损耗(如波浪破碎、阻力)等因素的影响。畸形波的传播除了受上述因素影响外,还可能与波浪能量的集中程度有关。因此,畸形波生存时间和传播距离的影响因素可能包括以下内容:

外界因素:风速、海流、地形;

内部因素:非线性波波相互作用、波能损耗、波能集中程度。

由于影响因素的复杂性,本书仅研究在实验室环境下考虑不同波能集中程度对畸形波生存时间和传播距离的影响。

在本书中,波列中畸形因子 α_1 是波浪能量集中程度的主要指标,α_1 越大,波浪能量越集中。波浪能量的集中程度,有可能是影响畸形波传播距离和生存时间的决定因素。

由于波浪能量的集中程度不易准确控制,因此本书选取不同的输入参数来模拟不同的波序,不同的波序中 α_1 存在差异,就产生了不同波浪能量集中程度的波序。

在本书的模拟方法中,选取某一波浪谱(如 JONSWAP 谱)作为目标谱输入,输入参数包括有效波高、谱峰周期、水深、谱宽、组成波数、调制波数等。在本节的研究中,将固定水深、组成波数和调制波数,改变有效波高、谱峰周期和谱宽等输入参数,对模拟结果进行统计。其中,对不同有效波高和谱峰周期的组合工况,采用波陡表示。

畸形波的生存时间和传播距离为波浪聚焦范围内满足 $\alpha_1 \geqslant 2.0$ 的畸形波的持续时间和空间长度,为叙述方便,将其作无因次化处理,分别用符号 T_c 和 S 表示,T_c 为畸形波的生存时间与谱峰周期 T_p 的比值,S 为畸形波传播的空间距离与特征波长 L_p 的比值。

5.2.1 试验工况选取

模拟采用 JONSWAP 谱,试验中水深取 0.5 m,组成波数取 60,调制组成波序中后 50 个组成波的初相,预定聚焦点 x_c 设为距离造波机 13 m 的地方;为减小波浪反射可能对模拟结果造成的影响,将畸形波产生的预定时间 t_c 设为 20 s。试验布置与 5.1 节所述相同。

(1) 考察不同有效波高和谱峰周期组合工况时,谱宽取 $\gamma = 3.3$,对每一组合工况进行 5 次不同波序(不同随机初相)的模拟。

试验拟选取的有效波高和谱峰周期见表5.1。引入波陡 ε，$\varepsilon = k_p a_{1/3}$，其中，$k_p$ 为谱峰周期波浪的波数值，$a_{1/3}$ 为有效波高 H_s 的1/2。表5.1汇总了不同参数组合条件下的波陡。

表5.1 不同参数组合下的波陡

	H_s		
	2 cm	4 cm	6 cm
$T_p = 1.0$ s	$\varepsilon = 0.0416$	$\varepsilon = 0.0831$	$\varepsilon = 0.1250$
$T_p = 1.2$ s	$\varepsilon = 0.0307$	$\varepsilon = 0.0614$	$\varepsilon = 0.0921$

Mori[96]通过大量的试验研究证明，在波陡小于0.12的情况下，波浪为非破碎波；为了尽量避免大波陡情况下出现的极限波况对模拟结果产生影响，试验选取了波陡小于0.12的工况。工况组合选择及工况组合下模拟波浪的特征波长分别见表5.2和表5.3。

表5.2 试验组次选择

	H_s		
	2 cm	4 cm	6 cm
$T_p = 1.0$ s	√	√	
$T_p = 1.2$ s	√	√	√

表5.3 试验组次选择中的特征波长 L_p

单位：m

	H_s		
	2 cm	4 cm	6 cm
$T_p = 1.0$ s	$L_p = 1.512$	$L_p = 1.512$	
$T_p = 1.2$ s	$L_p = 2.047$	$L_p = 2.047$	$L_p = 2.047$

(2) 改变谱宽模拟时，选取有效波高 $H_s = 4$ cm，谱峰周期 $T_p = 1.0$ s，谱宽 γ 依次取 1.0, 2.0, 3.3, 4.0, 5.0, 6.0 及 7.0。

模拟选择不同的波陡和谱宽，只是选取了不同的模拟环境，并不是意在说明波陡和谱宽会对模拟结果的影响，而是对模拟结果进行统计，来考察不同模拟环境下、不同波能集中程度时的畸形波生存时间和传播距离，尽量得出准确范围。

5.2.2 试验结果

(1) 不同波陡工况的模拟结果

在上述不同参数组合工况下，对不同输出点采集波列中有效聚焦范围内

的最大波高 H_{max} 与有效波高 H_s 的比值 α_1 进行统计,其结果如图 5.13～图 5.17 所示。从各次试验中提取出 α_1 的最大的值 α_{1max},α_{1max} 和 S 及 T_c 汇总见表 5.4～表 5.8。

① $\varepsilon=0.0416$ 工况

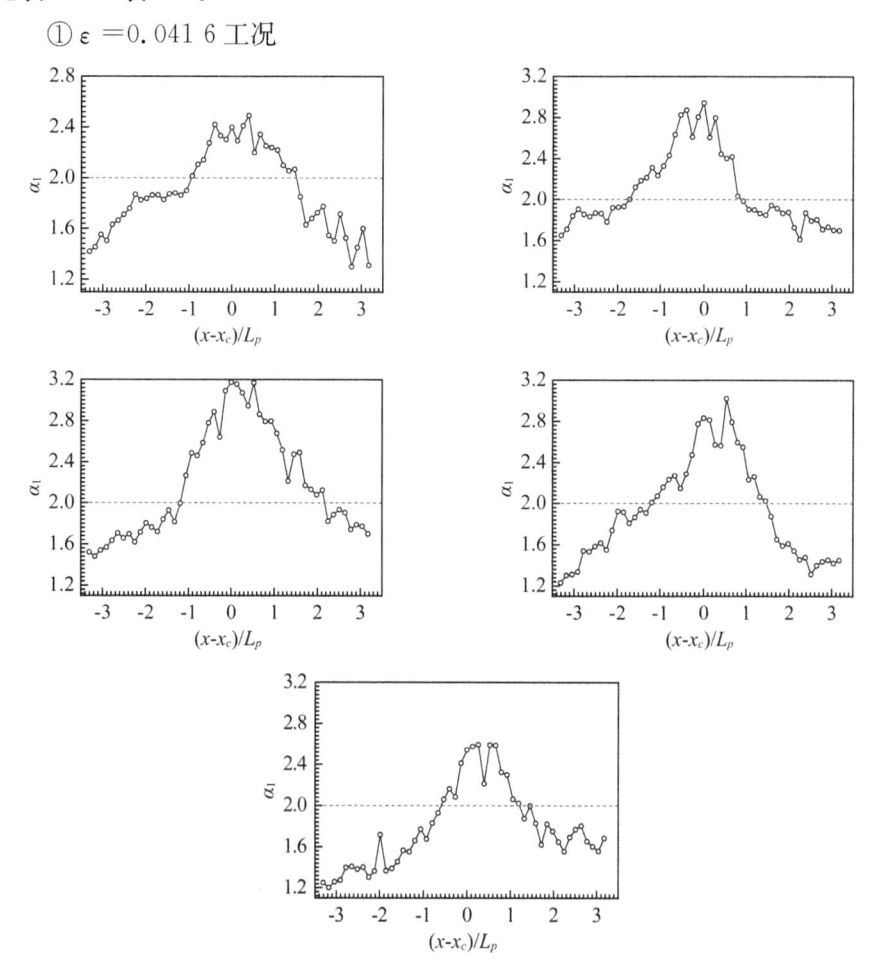

图 5.13 $\varepsilon=0.0416$ 工况下波浪传播过程中 α_1 的变化

表 5.4 $\varepsilon=0.0416$ 工况下 5 次模拟中 α_{1max} 和 S 及 T_c 的值

	\multicolumn{5}{c}{$\varepsilon=0.0416$}
	①	②	③	④	⑤
α_{1max}	2.49	2.87	3.17	3.02	2.60
S	2.38	2.51	3.31	2.64	1.72
T_c	5.13	5.55	7.12	5.73	3.72

② $\varepsilon = 0.0831$ 工况

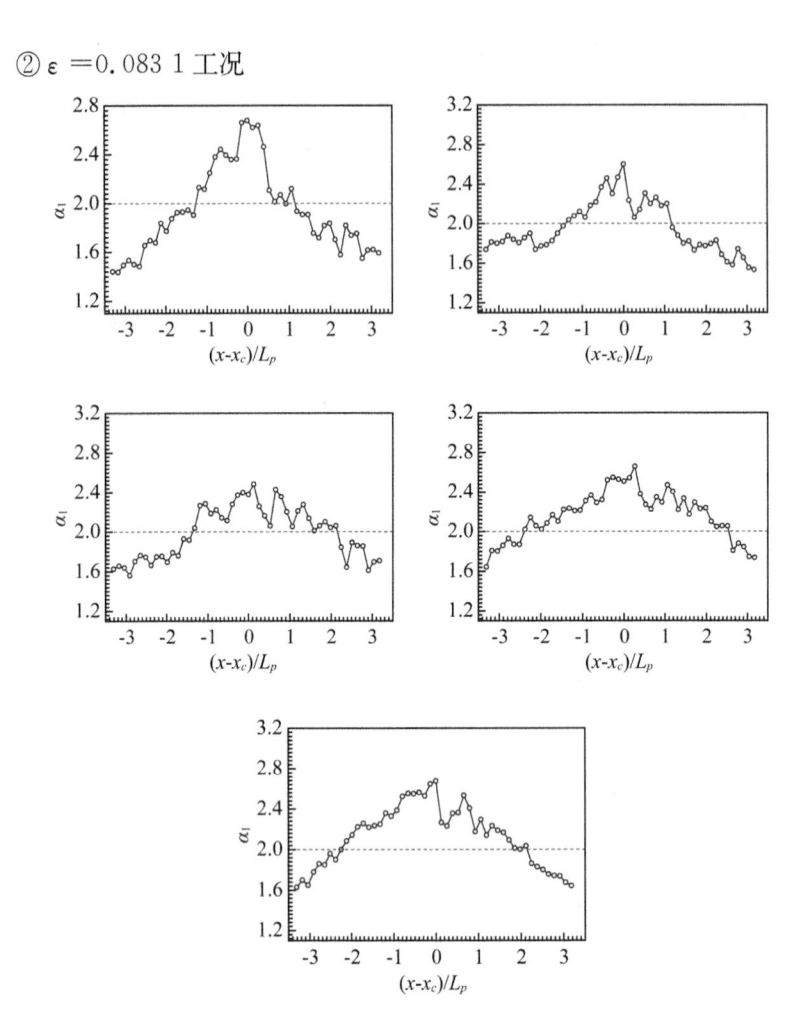

图 5.14　$\varepsilon = 0.0831$ 工况下波浪传播过程中 α_1 的变化

表 5.5　$\varepsilon = 0.0831$ 工况下 5 次模拟中 $\alpha_{1\max}$ 和 S 及 T_c 的值

	$\varepsilon = 0.0831$				
	①	②	③	④	⑤
$\alpha_{1\max}$	2.68	2.60	2.48	2.66	2.68
S	2.12	2.38	3.44	4.89	4.37
T_c	4.15	4.47	6.48	9.80	8.38

③ $\varepsilon = 0.0307$ 工况

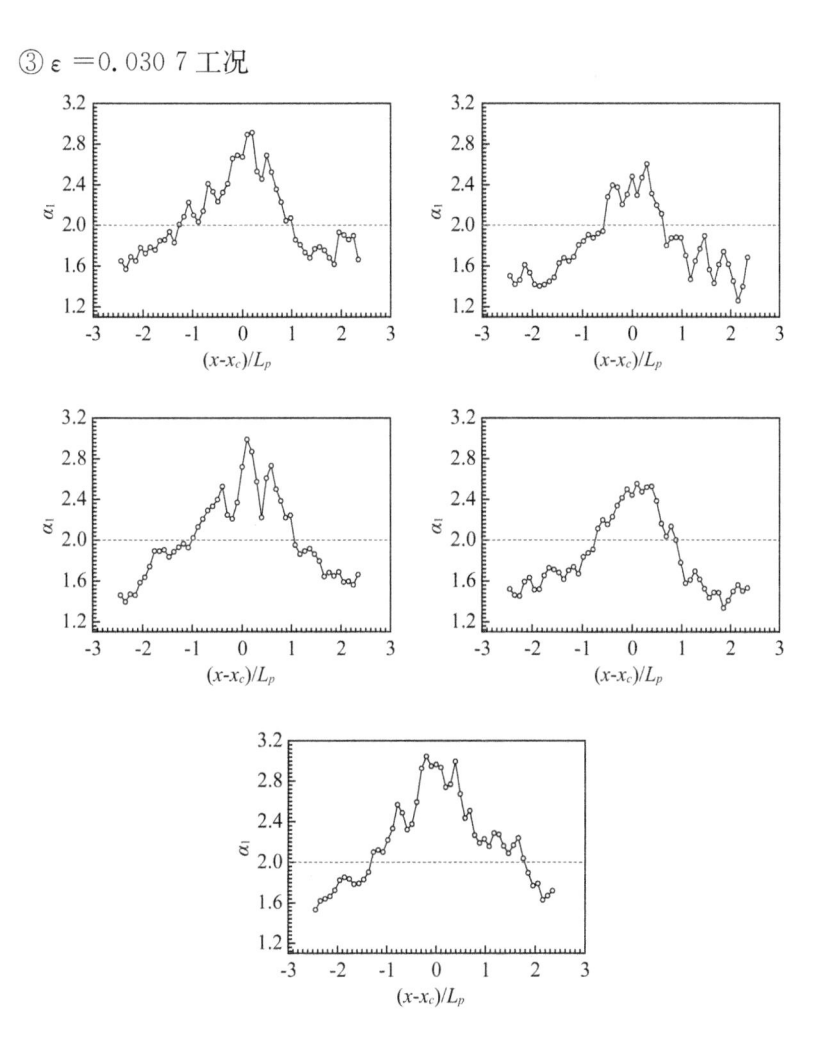

图 5.15　$\varepsilon = 0.0307$ 工况下波浪传播过程中 α_1 的变化

表 5.6　$\varepsilon = 0.0307$ 工况下 5 次模拟中 $\alpha_{1\max}$ 和 S 及 T_c 的值

	\multicolumn{5}{c}{$\varepsilon = 0.0307$}
	①	②	③	④	⑤
$\alpha_{1\max}$	2.91	2.60	2.99	2.56	3.04
S	2.25	1.08	1.96	1.56	3.03
T_c	4.28	2.15	3.96	3.45	6.03

④ $\varepsilon = 0.0614$ 工况

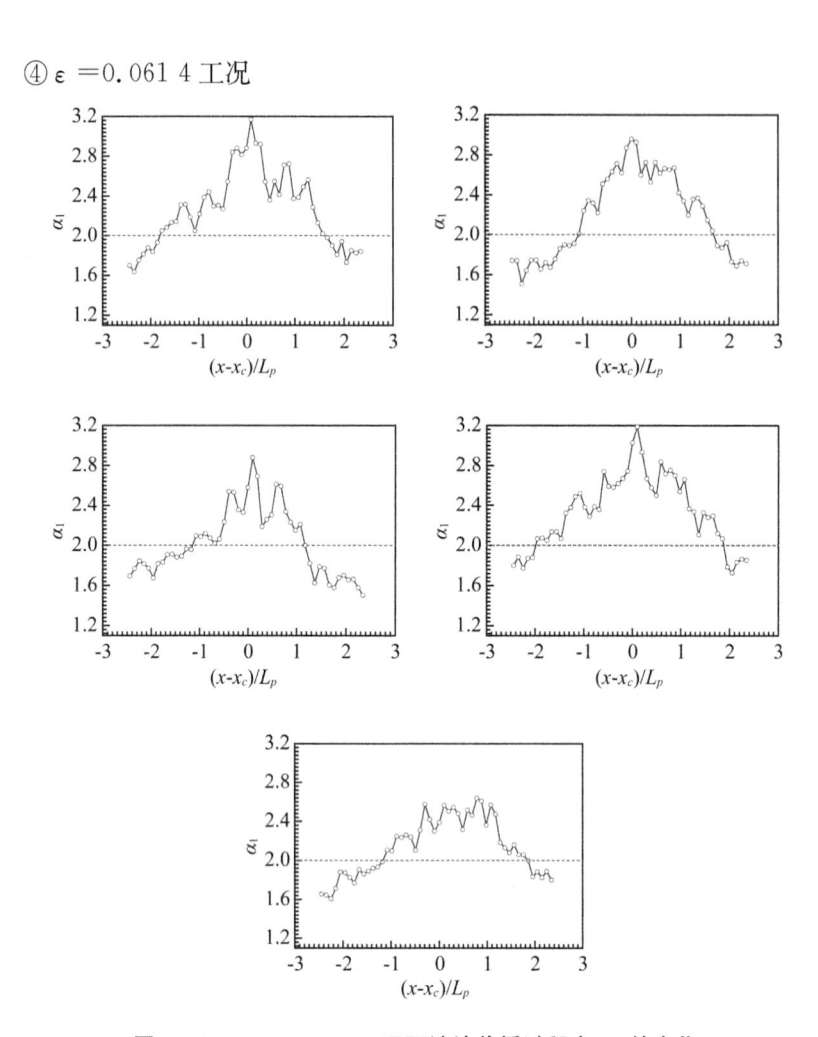

图 5.16 $\varepsilon = 0.0614$ 工况下波浪传播过程中 α_1 的变化

表 5.7 $\varepsilon = 0.0614$ 工况下 5 次模拟中 $\alpha_{1\max}$ 和 S 及 T_c 的值

	\multicolumn{5}{c}{$\varepsilon = 0.0614$}
	①	②	③	④	⑤
$\alpha_{1\max}$	3.17	2.96	2.88	3.19	2.64
S	3.32	2.74	2.25	3.81	2.93
T_c	6.27	4.81	4.32	6.88	5.93

⑤ $\varepsilon = 0.0921$ 工况

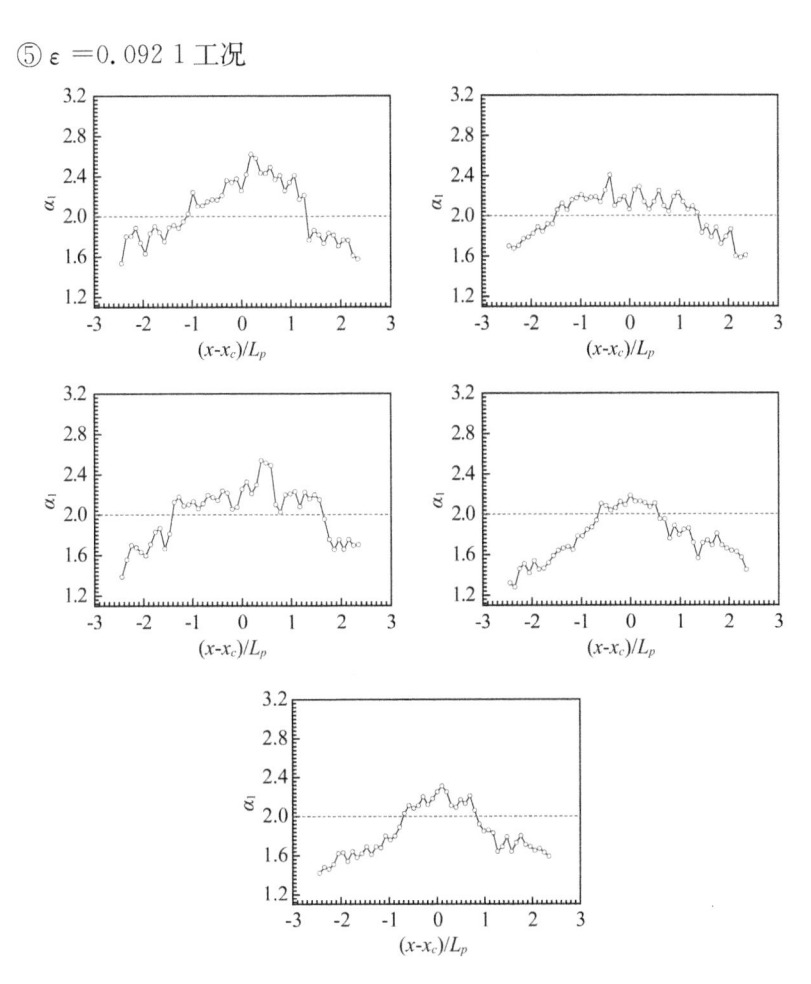

图 5.17 $\varepsilon = 0.0921$ 工况下波浪传播过程中 α_1 的变化

表 5.8 $\varepsilon = 0.0921$ 下 5 次模拟中 α_{1max} 和 S 及 T_c 的值

	$\varepsilon = 0.0921$				
	①	②	③	④	⑤
α_{1max}	2.62	2.41	2.54	2.18	2.31
S	2.35	2.84	2.93	1.08	1.46
T_c	4.40	4.78	4.99	2.04	2.51

(2) 不同谱宽模拟结果

同样对不同谱宽模拟结果波序中波浪有效聚焦范围内的最大波高 H_{max} 与 H_s 的比值 α_1 进行统计,其结果如图 5.18 所示。

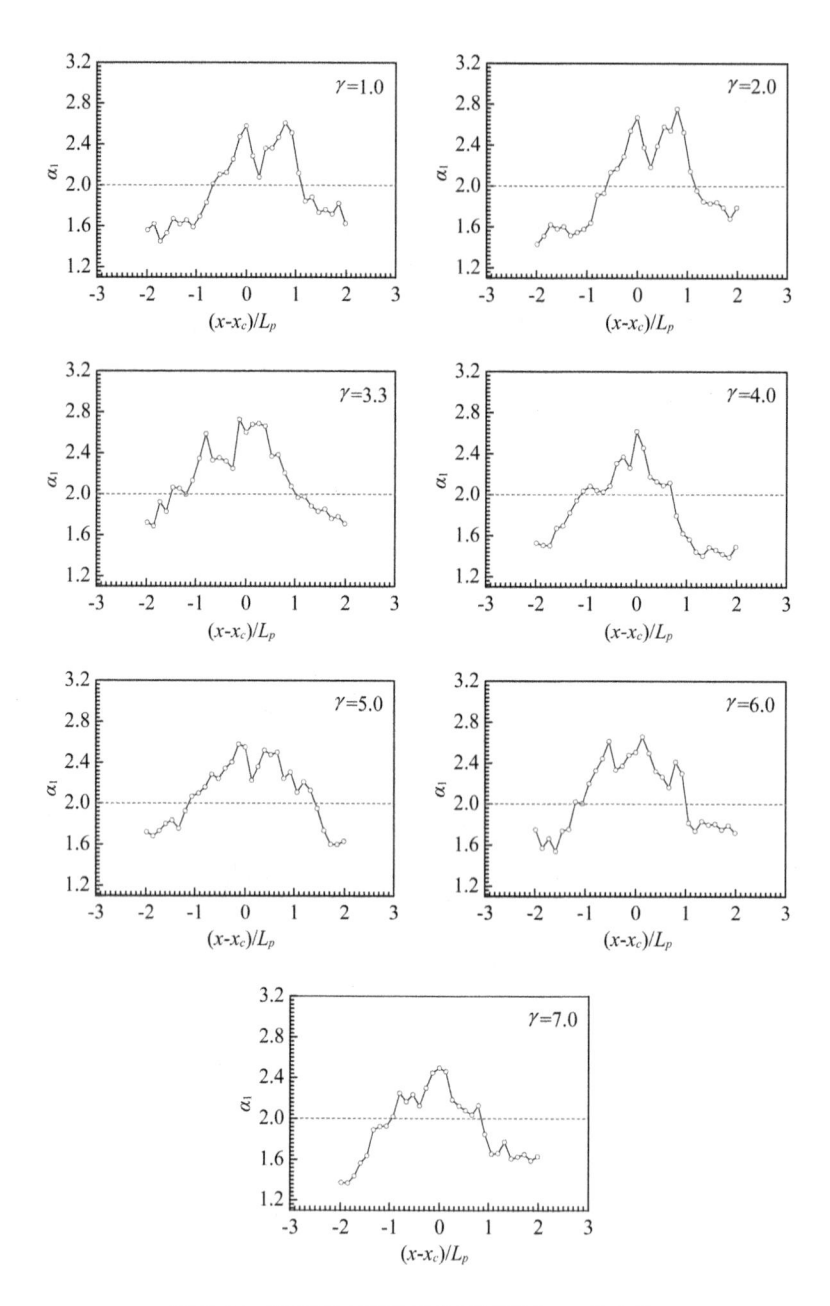

图 5.18　不同谱宽下波浪传播过程中 α_1 的变化

从图 5.18 中提取出各组试验中 α_1 的最大的值 $\alpha_{1\max}$，以及畸形波的无因次传播距离 S 和无因次生存时间 T_c，结果见表 5.9。

表 5.9　不同谱宽模拟中 $\alpha_{1\max}$ 和 S 及 T_c 的值

γ	1.0	2.0	3.3	4.0	5.0	6.0	7.0
$\alpha_{1\max}$	2.61	2.75	2.73	2.62	2.58	2.66	2.50
S	1.72	1.59	2.39	1.72	2.38	2.12	1.72
T_c	2.84	2.69	4.82	3.63	5.09	4.11	2.84

5.2.3　试验结果分析

根据波浪传播的相关特性，畸形波的生存时间和传播距离可能有一定的关系，因此，首先对上述模拟结果中畸形波的无因次生存时间 T_c 和无因次传播距离 S 进行分析。T_c 和 S 的关系如图 5.19 所示。

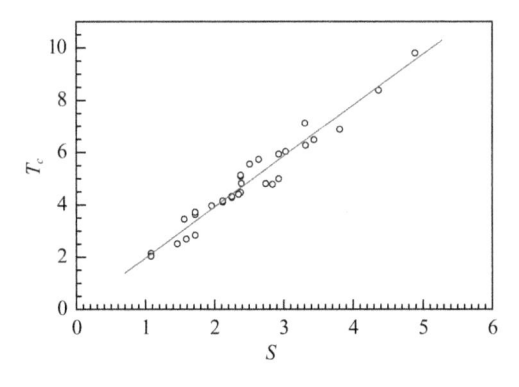

图 5.19　T_c 和 S 的变化关系

由图 5.19 可以看出，畸形波的无因次生存时间 T_c 和无因次传播距离 S 具有很强的相关性，其变化关系可以用函数表示为：$T_c=1.9468S+0.0219$。因此，考察畸形波生存时间和传播距离，只需考察畸形波的传播距离即可。

不同波陡情况下模拟结果中畸形波的无因次传播距离 S 如图 5.20 所示。

由图 5.20 可以看出，在本次试验结果中，波陡 ε 与 S 之间没有明显的变化趋势，但是并不是说波陡不影响畸形波的生存时间和传播距离。上述试验工况选取的是波陡较小的情况，是为了尽量避免波陡较大时自然形成的极限波浪对模拟结果产生影响。可以设想，当波陡足够大以至为破碎波况时，波浪的破碎将影响最大波高的增大，进而影响畸形波的传播距离。尽管上述模拟试验中没有体现出波陡对畸形波传播距离的影响，但是可以认为，畸形波的传播距离随波陡的增大而减小。

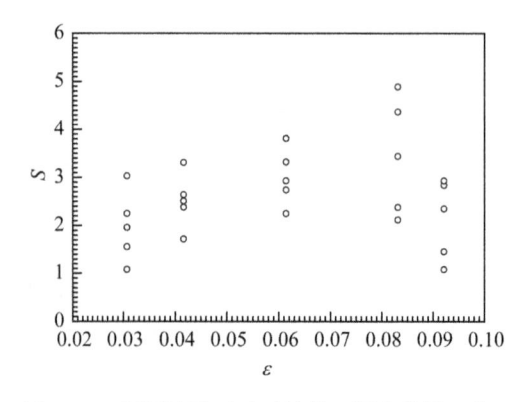

图 5.20 不同波陡时畸形波的无因次传播距离 S

不同谱宽时畸形波的无因次传播距离 S 如图 5.21 所示。

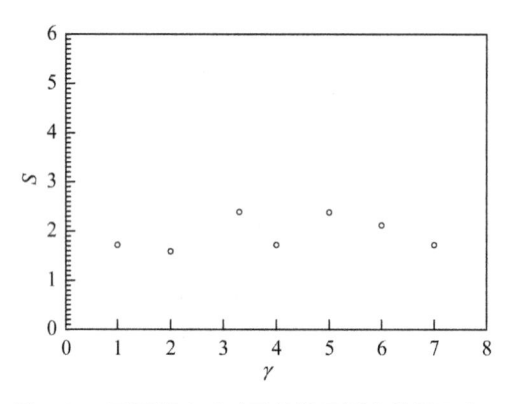

图 5.21 不同谱宽时畸形波的无因次传播距离 S

由图 5.21 可以看出,在模拟结果中谱的宽度 γ 和畸形波的无因次传播距离 S 没有明显的变化关系,但并不是说谱宽不影响畸形波的传播距离。与分析波陡对畸形波传播距离的影响的思路类似,可以设想极限情况:当谱宽无穷窄时,模拟波浪将是规则波,不存畸形波现象,因此谈不上畸形波的传播距离,所以,谱宽对畸形波的传播距离的影响可认为是谱越窄,畸形波的传播距离越短。上述工况选取的是常规外海波浪观测得到的谱宽范围[81],在此常规波况下,畸形波的传播距离受谱宽的影响较小。

上述所有模拟结果中,沿程波列中的 $\alpha_{1\max}$ 和畸形波的无因次传播距离 S 之间的统计如图 5.22 所示。

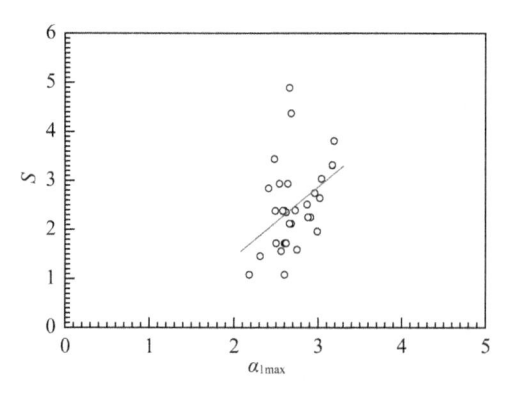

图 5.22 $\alpha_{1\max}$ 和畸形波的无因次传播距离 S 之间的关系

从图 5.22 中可以看出，畸形波的无因次传播距离 S 受波浪传播过程中 $\alpha_{1\max}$ 的影响，总体趋势是畸形波的无因次传播距离 S 随波能集中程度 $\alpha_{1\max}$ 的增大而增加。

从上述多组模拟结果中不难发现，畸形波的生存时间最短为谱峰周期的 2.04 倍，最长可以达到谱峰周期的 9.8 倍，传播距离最短为特征波长的 1.08 倍，最长可以达到特征波长的 4.89 倍。

在上述试验条件下，畸形波生存时间和传播距离的影响因素是波列中的畸形因子 α_1，亦即波浪能量的聚焦程度，α_1 越大，畸形波的生存时间和传播距离越长；从数值关系来看，畸形波的无因次生存时间 T_c 大约是无因次传播距离 S 的 2.0 倍。通过换算不难发现，畸形波的传播速度大约是波浪相速度的一半，和深水中波浪的群速度相当。

同时，模拟发现，沿程中 α_1 的变化呈单峰型分布，表明波浪能量先集中后分散；同时，α_1 在变化过程中大都表现出先迅速增大后急剧减小的现象，符合畸形波突然出现又很快消失的特征。

5.3 本章小结

本章研究了畸形波在随机波浪中的传播与变形，数值模拟和物理模拟结果均表明，在波浪聚焦点前后不超过半个特征波长的范围内均有一次大波谷（海中之洞）形成，这与目击者的描述和研究学者的推断是一致的。

物理试验结果表明，除了在聚焦点形成满足 $\alpha_1 \geqslant 2.0$ 且 $\alpha_2 \geqslant 0.65$ 的畸形

波以外，在聚焦点前后不超过一个特征波长的位置均有满足 $\alpha_1 \geqslant 2.0$ 且 $\alpha_2 \geqslant 0.65$ 的畸形波出现，本试验与 Slunyaev 等人[65]通过数值计算得出畸形波在形成过程中可以产生一个或多个波峰"突变"的结论相符。

波浪聚焦生成畸形波的过程中，经历着多次波峰与波谷的相互转化，但是这种转化不是无限次的，其转化的次数可能与波浪能量的集中程度、波浪破碎、非线性强弱以及外界干扰等因素有关，这还需进一步的试验验证。

总体而言，本章的畸形波发展演化模拟结果较好地验证了目击者和科研学者关于畸形波形成和演化方面所表现出来的特征，表明了本书方法的有效性和适用性。

在波浪的传播过程中，模拟波列中 α_1 的变化曲线呈单峰型分布，表明波浪能量先集中后分散，同时，α_1 在变化过程中大都表现出先迅速增大后急剧减小的现象，符合畸形波突然出现又很快消失的特征。

畸形波生存时间和传播距离的影响因素是波浪传播过程中出现的畸形因子 α_1，亦即波浪能量的聚焦程度。α_1 越大，畸形波的生存时间和传播距离越长。从数值关系来看，畸形波的无因次生存时间 T_c 大约是无因次传播距离 S 的 2.0 倍。畸形波的生存时间最长可以达到 10 倍的谱峰周期，传播距离最远可以达到 5 倍的特征波长；生存时间最短为 2 倍的谱峰周期，传播距离最近为 1 倍的特征波长。

6 畸形波对核电取水构筑物作用的探索

随着人们对畸形波研究的不断深入,畸形波已经成为船舶、近岸及海上结构物安全设计考虑的动力荷载之一[40-42]。近几年来,国外研究学者已经开展了畸形波对结构物作用的试验研究,但大都仅限于圆柱体或附体结构[37-42,97-100],而畸形波对直墙式构筑物作用的试验研究目前尚未见报道。从现今的畸形波报道看,近岸曾发生不少畸形波事件[6,51]。鉴于畸形波的发生机理还不明确,直墙式构筑物前有发生畸形波的可能性,因此,开展畸形波对直墙式构筑物作用的试验研究对于直墙式构筑物的安全设计、使用和防护具有重大的实际工程意义。

核电厂通常取海水为冷却水,取水系统的正常运行关系着整个核电厂的安全运转,作为取水系统的咽喉——取水构筑物,其安全性又关系着取水系统的正常运行。

取水构筑物通常为直墙式构筑物,位于近岸海域,承受海水的侵蚀和波浪的打击。

复杂地形变化和岸边界的作用可能在取水构筑物前形成畸形波,因此,位于近岸的取水构筑物可能会遭遇畸形波而损坏,影响取水系统的正常运行。

本章借助辽宁红沿河核电厂二期工程波浪物理模型试验,探索性地研究畸形波和常规随机波浪对直墙式构筑物——核电取水构筑物作用的区别。

在红沿河核电厂二期工程进水口波浪物理模型试验中,发现进水口附近海域有畸形波发生。鉴于畸形波是一种灾害性波浪,而取水构筑物要保持不被破坏,因此,畸形波对取水构筑物的作用就不容忽视,有必要考察在畸形波作用下取水构筑物的受力特性,为取水构筑物的安全设计提供参考。

6.1 研究背景

核电站在运行期间会产生巨大的热量,因此,核电站通常建在水源丰富的近岸地区,以方便获取冷却水。辽宁红沿河核电厂位于辽东湾内温坨子附近,工程地理位置见图 6.1。

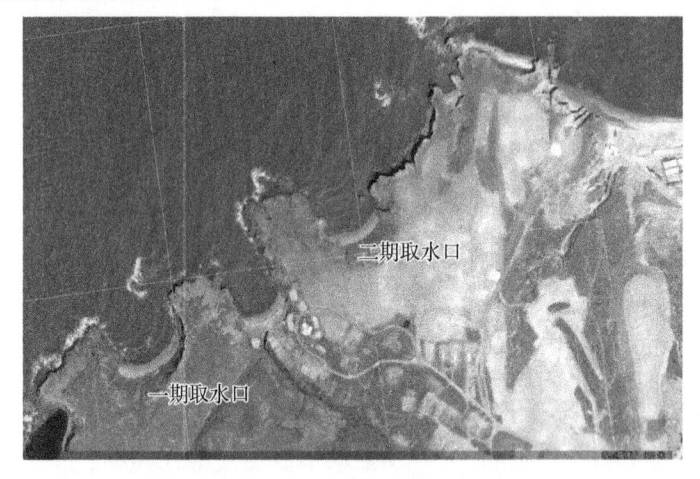

图 6.1 工程地理位置近岸图

一期工程和二期工程分期施工,核电机组以海水为冷却水,进水口设于厂址北侧临海 10 m 水深的岸边。进水口设进水明渠,引海水进入取水构筑物,在进水明渠外侧布置导流堤,为取水构筑物起到防沙、防冰、防浪的作用。为了确定取水构筑物和导流堤的顶标高及其稳定性,需对导流堤及取水构筑物进行波浪物理模型试验。通过模型试验使得设计方案更加经济合理,并确定有无导流堤时取水构筑物前波浪及波浪对取水构筑物压力的情况。取水构筑物和导流堤平面布置方案如图 6.2 所示。

取水构筑物为直墙式结构,迎浪侧高 22 m,长 60 m,底部宽 37.5 m,其断面图和平面图分别见图 6.3 和图 6.4。

依据基础资料,进水口波浪物理模型试验工况分为设计工况和校核工况,分别见表 6.1 和表 6.2。

6 畸形波对核电取水构筑物作用的探索

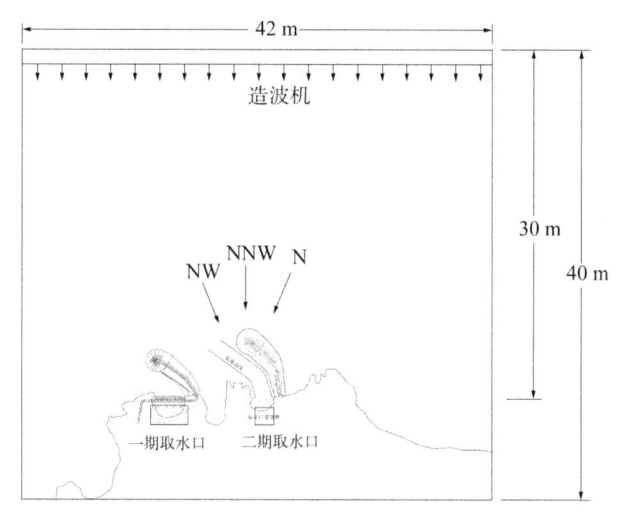

图 6.2 取水构筑物和导流堤平面布置示意图

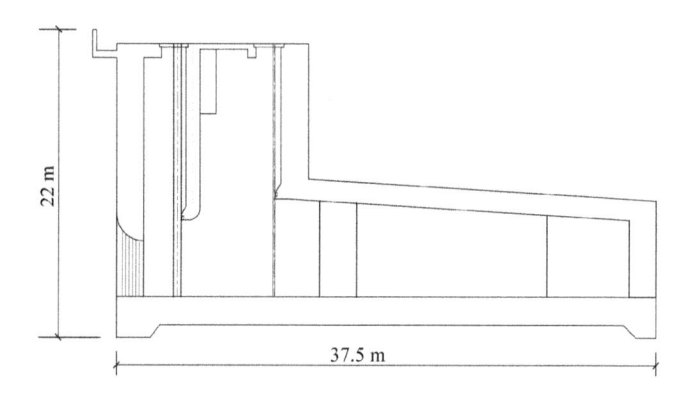

图 6.3 取水建筑物断面图

表 6.1 设计工况

潮位	外海波要素(水深－15 m 处,波浪重现期 50 年)			
	方向	$H_{1\%}/m$	$H_{4\%}/m$	$H_{13\%}/m$	$\overline{T}/s$
重现期 100 年 高潮位＋2.37 m	N	5.33	4.71	3.83	7.78
	NNW	3.04	2.58	2.10	6.52
	NW	2.72	2.31	1.87	5.76

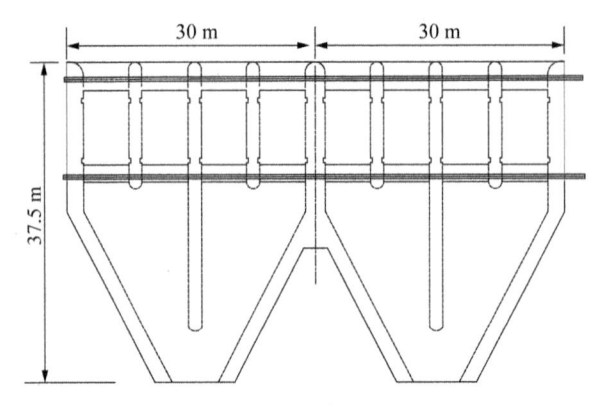

图 6.4　取水构筑物平面图

表 6.2　校核工况

潮位	外海波要素(水深−15 m 处,波浪重现期 100 年)			
	方向	$H_{1\%}$/m	$H_{4\%}$/m	$H_{13\%}$/m	$\overline{T}$/s
最高天文潮 1.79 m 和重现期 100 年风暴潮增水 1.74 m	N	6.04	5.29	4.36	8.12
	NNW	3.12	2.73	2.22	6.85
	NW	2.92	2.48	2.01	5.94

波浪模拟采用不规则波进行,选择国际上公认的 JONSWAP 谱进行模拟,谱峰升高因子取 3.3。原始波要素率定测量是在天然地形上,在预定的波高监测处放置波高仪测定。采用三次重复的平均波高值和平均周期值作为原始波浪要素的波高和周期。

该实验在中国水利水电科学研究院河流环境实验厅进行,实验室配有多功能综合水池多向不规则波造波系统。试验池长×宽约为 100 m×42 m,深 1.3 m,最大试验水深 1.0 m,混凝土结构。长度方向截取 40 m 作为模型实验场地,如图 6.2 所示。

依据《波浪模型试验规程》(JTJ/T 234—2001)[88]及试验内容和试验条件的限制,将模型比尺选为 1∶50。

波浪测量采用 DS30 型浪高仪测量系统。采仪器内置模/数转换器,巡回采集各通道数据,128 通道最小采样时间间隔为 0.02 s(50 Hz)。该系统可同步测量多点波面过程并进行数据分析,已经在多个物理模型试验中应用,测量结果准确可信。每次试验前进行标定,标定线性度均大于 0.999。该系统用于本试验的波浪高度测量。

点压力测量系统采用 DS30 型点压力仪测量系统,配置 CYL 型点压力传感器,绝对误差小于 0.01 kPa。单点采样最小时间间隔为 0.001 5 s(约 666 Hz),可以满足波浪冲击压力的测量要求。该系统用于本试验的取水构筑物前波浪压力的测量。

试验中,浪高测量系统和点压力测量系统的采样时间间隔均设为 0.02 s,采样长度 8 192。试验过程中,浪高测量系统和点压力测量系统同时采集,以保证浪高和点压力数据的同步性。

下面将对试验结果进行分析,考察天然地形下取水构筑物附近外海畸形波的存在情况;考察引水渠开挖后取水构筑物前的波浪压力和取水构筑物附近外海波况;在试验结果中观察取水构筑物点压力过程线是否存在异常,取水口附近海域是否存在畸形波,建立异常点压力和畸形波的对应关系。

6.2 天然地形上波浪场中的畸形波

制作完成的天然地形如图 6.5 所示。

图 6.5 天然地形制作

天然地形制作完成之后，进行外海波浪率定和波要素提取试验。图 6.6 给出了天然地形上取水口附近波高测点布置位置，其中 31# 为外海波浪率定控制点(水深−15 m)；图 6.7 给出了浪高仪实际布置情况。

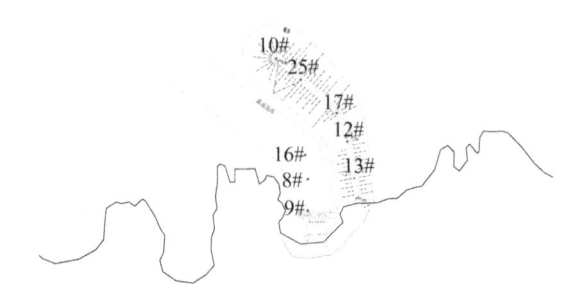

图 6.6　天然地形上取水口附近浪高测点布置位置

图 6.7　浪高仪实际布置

外海波浪率定控制点 31# 处实测谱和理论谱对比如图 6.8 所示，可见谱型吻合完好，满足模拟要求。

在天然地形上外海波要素的率定及特定地点提取波况的试验中，发现在设计工况和校核工况 N 向、NNW 向浪采集点波序中存在畸形波。例如在设计工况 N 向浪下，31#、10#、25#、16#、8# 等多处波序中出现了畸形波。作为示例，图 6.9 给出了 10#、25# 和 8# 点的波面时间序列。

(a) 设计工况

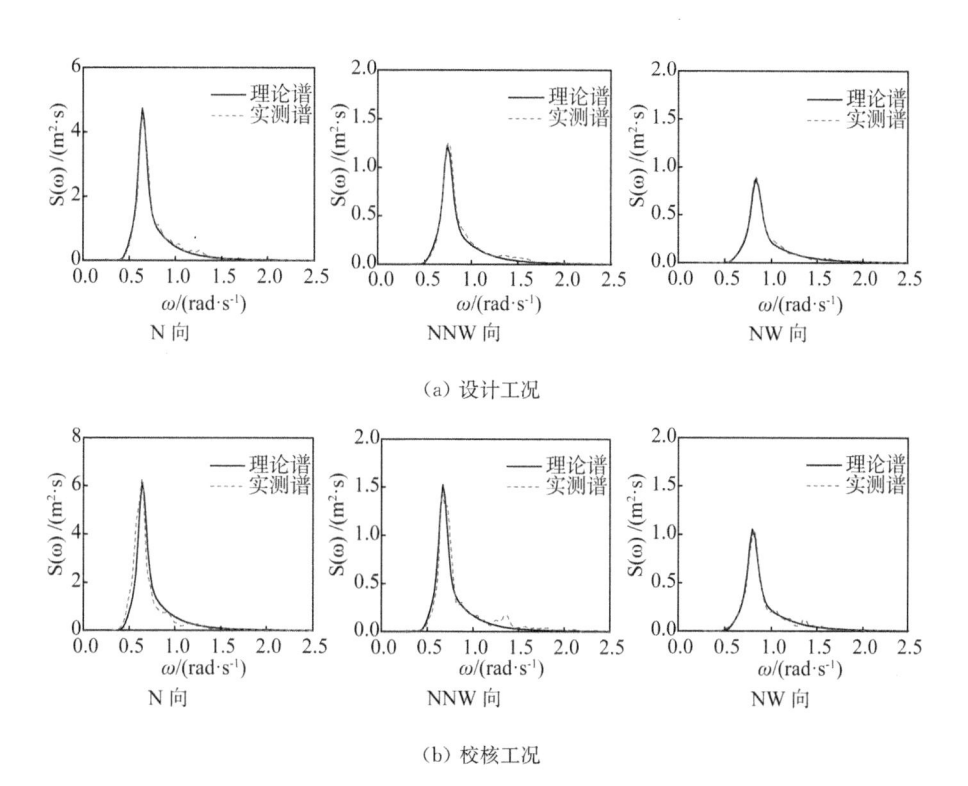

(b) 校核工况

图 6.8 外海波要素实测谱与理论谱的对比

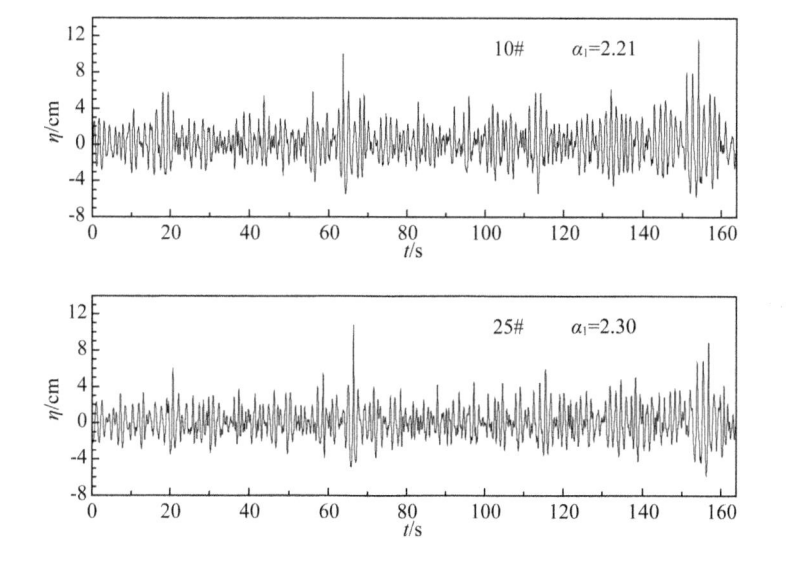

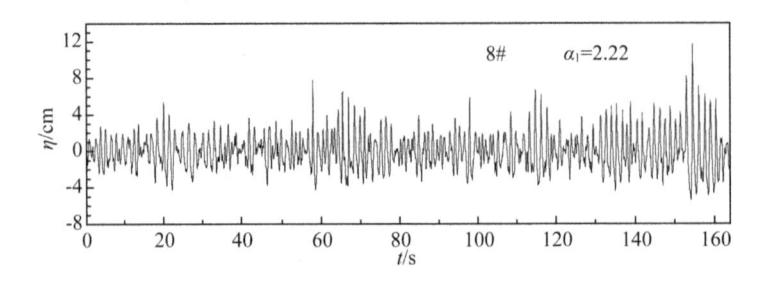

图 6.9 天然地形上实测含有畸形波的(部分)随机波列

上述试验结果表明,在天然地形上,近岸海域有畸形波发生。因此,在近岸的人员应该提高警惕,船只及建筑物,尤其是安全等级高的核电厂设施,应该加强防护,预防畸形波可能带来的损害。但是,近岸畸形波的发生与地形和岸边界之间的关系,从本试验中还无法确定,尚需进一步的试验研究。

6.3 地形开挖后取水构筑物异常点压力和近岸畸形波

6.3.1 模型布置

按照设计方案和试验内容,在天然地形上开挖引水渠并安放取水构筑物,测量在无导流堤时取水构筑物波浪压力、取水口前波峰面高度和取水口附近海域波况。引水渠开挖和取水构筑物安放如图 6.10 所示。

图 6.10 引水渠开挖、取水构筑物安放及浪高仪布置图

为尽可能充分地监测近岸波浪场的波况,在取水口前适当加密了浪高仪的布置。浪高仪在地形图中的布置如图 6.11 所示,在试验中的实际布置情况如图 6.10 所示。

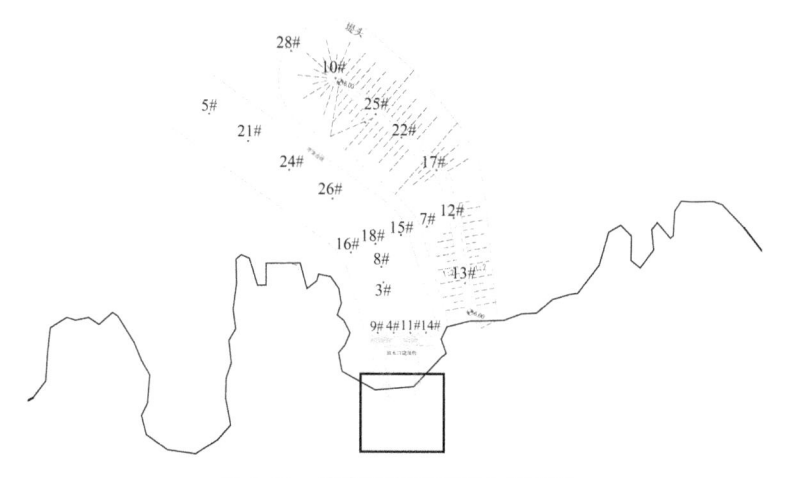

图 6.11 浪高仪在地形图中的布置

取水构筑物上点压力传感器的布置如图 6.12 所示,图 6.13 给出了对应于原型中的点压力传感器的布置示意图及编号,其中,10# 传感器位于设计水位+2.37 m 的位置。在距离取水口前沿 2 cm 处安放浪高仪,同步采集发生在取水口前的波高,其中 4# 浪高仪紧挨点压力传感器。模型前浪高仪布置及工况试验如图 6.14 所示。

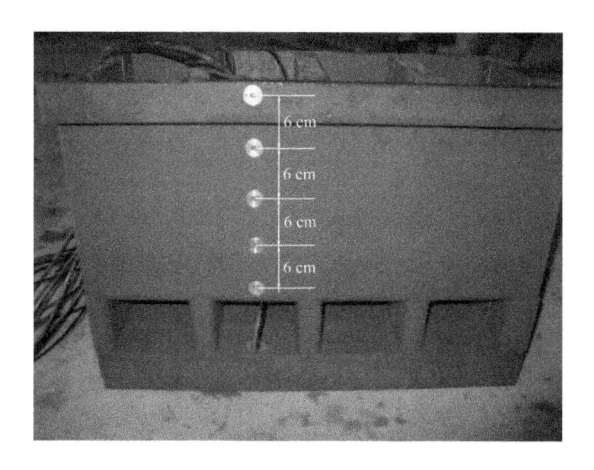

(a) 迎浪侧

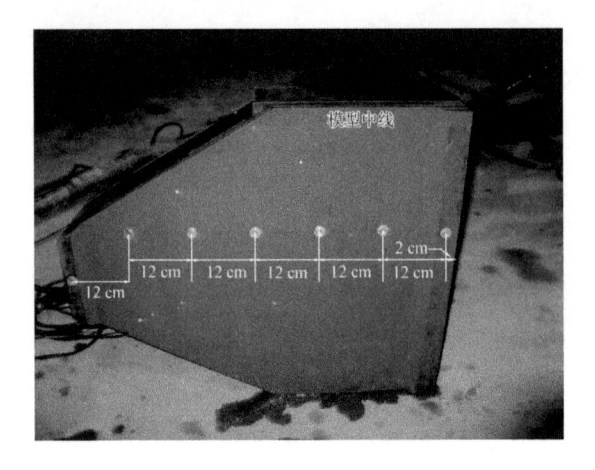

(b)底侧

图 6.12 点压力传感器在模型中的布置图

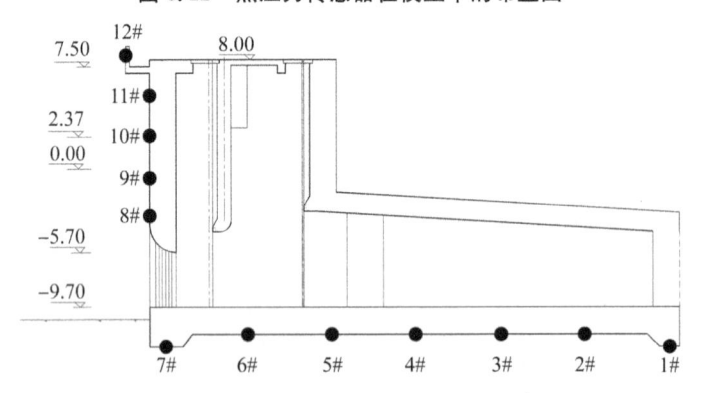

图 6.13 点压力传感器在原型中的布置示意图

图 6.14 浪高仪布置和工况试验

6.3.2 试验结果

试验结果发现,在设计工况 N 向浪作用下,取水构筑物+5.37 m 处点压力序列中有异常值出现。图 6.15 给出了各个点压力的时间过程线。

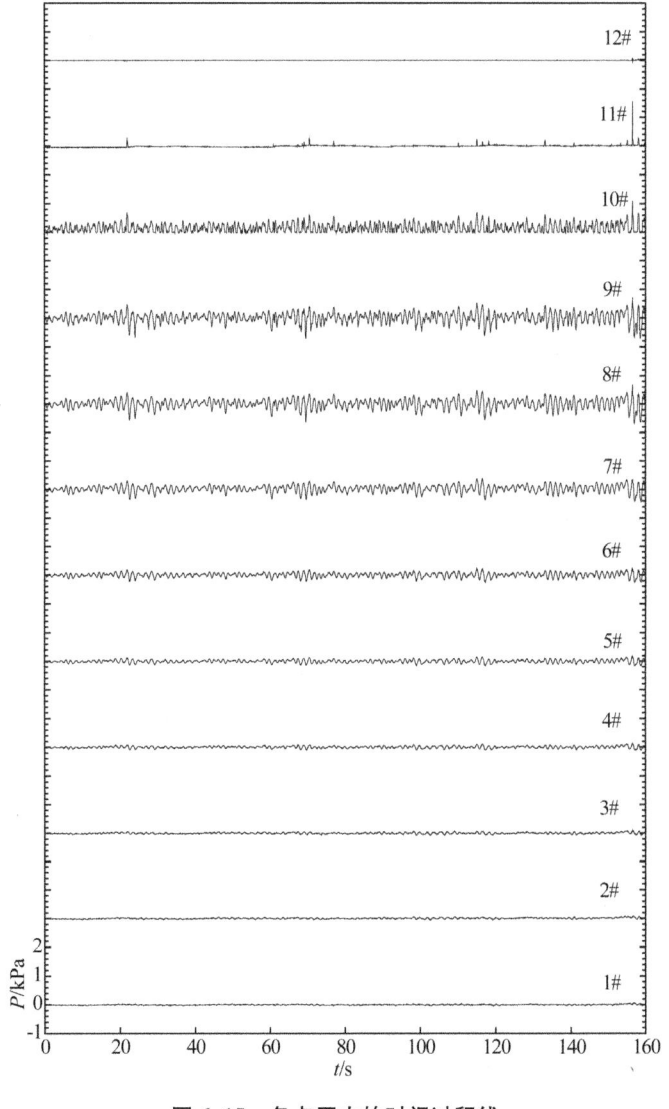

图 6.15 各点压力的时间过程线

将异常点压力发生时段进行放大,同时,除异常点压力以外的最大点压力发生时间段也进行放大,如图 6.16 所示。

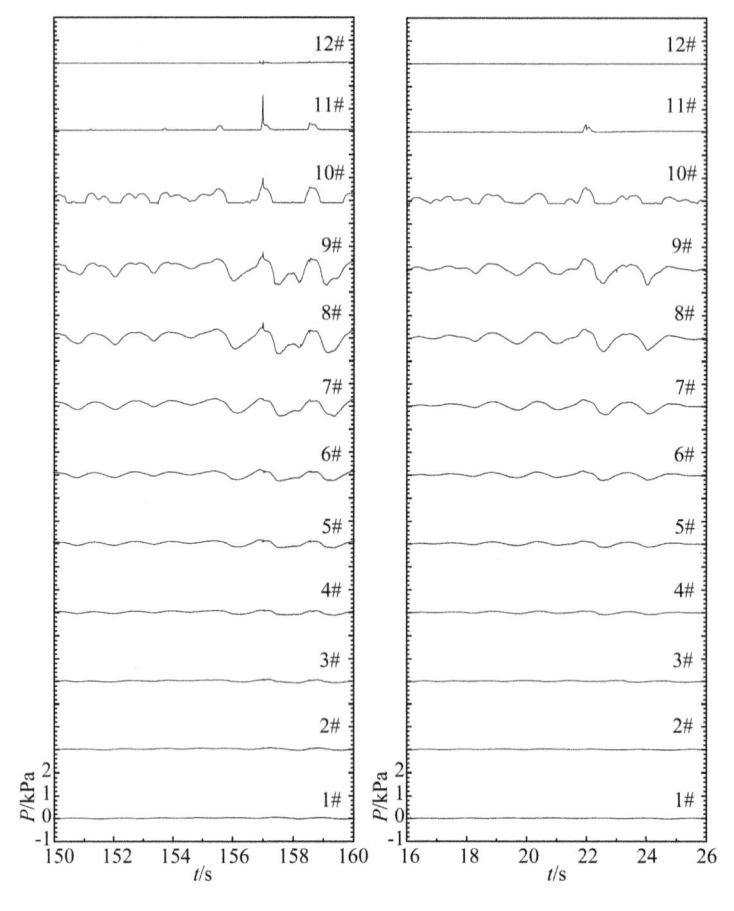

图 6.16 点压力过程线放大

从图 6.16 可以看出,位于+5.37 m 处的点压力采集序列中 156.48 s 时突然出现了一个极大值,该点压力为 1.57 kPa,较其他点压力,表现出了很强的异常性;除该异常点外,最大点压力为 0.69 kPa,发生在静水位+2.37 m 处采集序列中的 22 s,在压力时间序列中,该值较常规。上述两点压力之比为 2.28。

上述点压力异常值的出现,一个原因可能是设备受到信号干扰而产生跳跃;另一个原因可能是特殊波浪作用的结果。该仪器已经在多次试验中使用,性能良好,抗干扰强,模拟结果准确可信。因此,该异常点压力为真实值,可能是由特殊波浪如畸形波引起的强烈冲击。

6 畸形波对核电取水构筑物作用的探索

对取水构筑物附近采集到的波高序列进行分析发现,在异常点压力发生时刻附近,近岸测点波序中有畸形波出现,10♯、25♯、17♯、12♯、7♯、15♯、18♯、8♯、3♯、9♯、4♯等位置的采集波序中均出现了畸形波。例如8♯、3♯和4♯位置采集到的波面时间序列如图6.17所示。

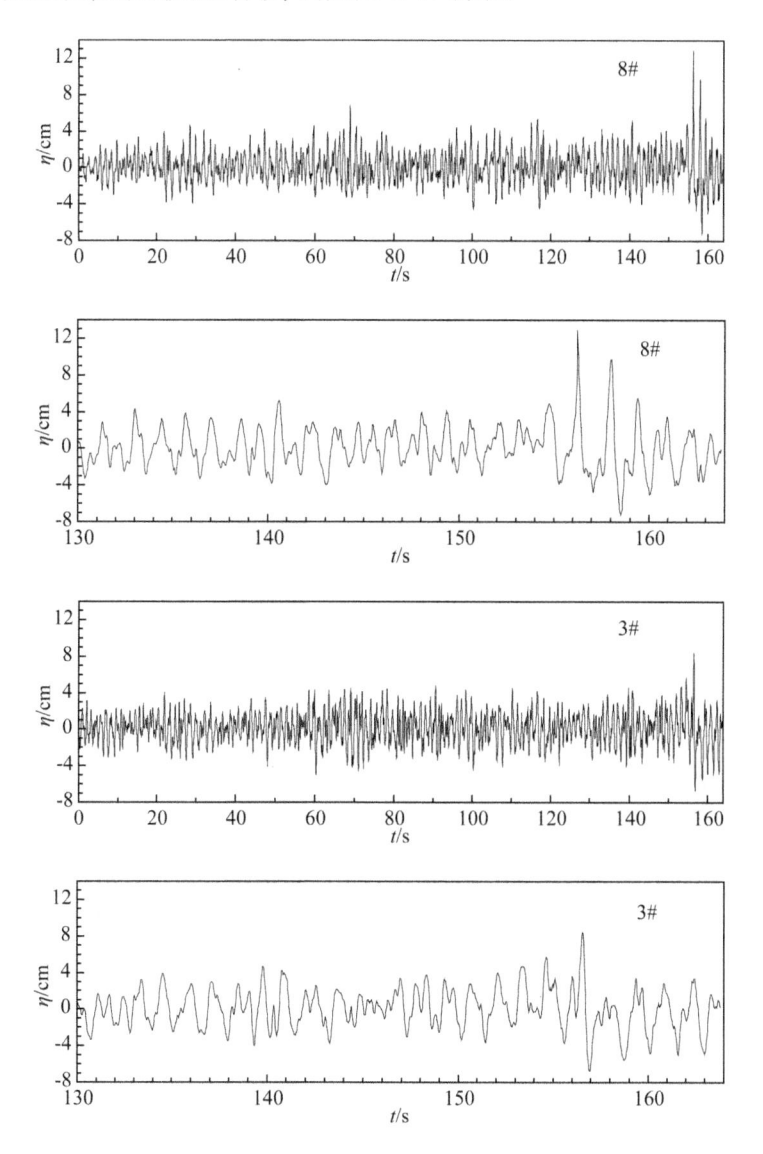

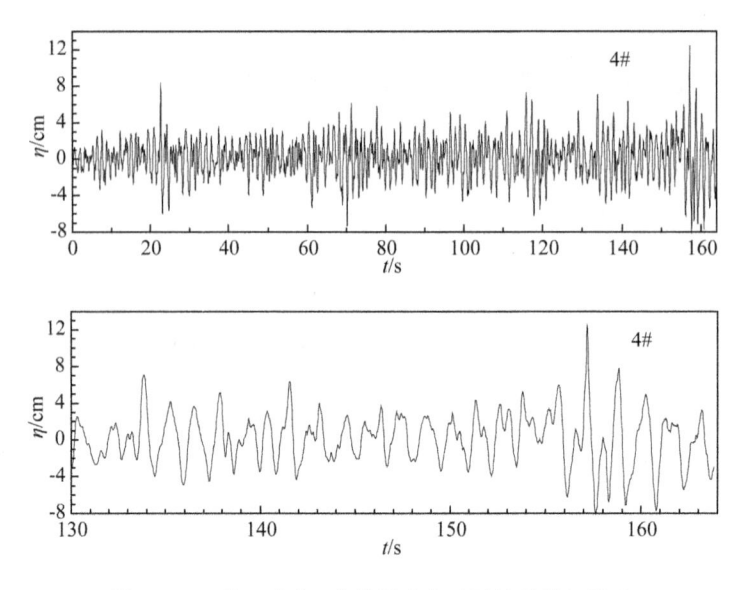

图 6.17　8♯、3♯ 和 4♯ 位置含有畸形波的随机波序

由图 6.17 可以看出，在 8♯ 点采集波序中，最大波高 $H_{max}=17.65$ cm，有效波高 $H_{1/3}=7.01$ cm，畸形因子 $\alpha_1=2.52$。在 3♯ 点采集波序中，最大波高 $H_{max}=15.20$ cm，有效波高 $H_{1/3}=6.78$ cm，畸形因子 $\alpha_1=2.24$。在紧挨点压力传感器的 4♯ 点采集波序中，最大波高 $H_{max}=20.65$ cm，有效波高 $H_{1/3}=8.41$ cm，畸形因子 $\alpha_1=2.46$。三组波列中畸形因子均满足 $\alpha_1\geqslant2.0$，出现了畸形波。

测点位置 8♯ 和 3♯ 距离取水口不超过一个特征波长，在此很短的距离内，在 8♯ 和 3♯ 位置形成的畸形波很容易传播至取水构筑物，同时，在 4♯ 采集波序中产生的畸形波与 8♯ 和 3♯ 产生畸形波的时间几乎一致，因此，4♯ 波序中的畸形波是由 8♯ 和 3♯ 波序中的畸形波传播至此。由图 6.16 和 6.17 可以看出，畸形波和异常点压力几乎同时发生，由此可以断定，取水构筑物上异常点压力是由畸形波引起的。

在波高采集波列中 22 s 附近无畸形波发生，表明在点压力采集序列中常规最大点压力是由普通随机波浪引起的。

图 6.18 给出了所有点压力传感器在异常点压力和常规最大点压力发生时刻的压力值。

通常情况下，波浪对直墙式构筑物的最大点压力位于静水位，且压强在静水位上下近似服从线性分布。从图 6.18 中可以看出，常规随机波浪对取水构筑物的最大点压力确实发生在静水位,最大点压力同步时刻点压力值在静水位上下近似服从线性分布,而畸形波作用时的最大点压力位于静水位以上,最大点压力同步时刻点压力值在静水位上下不服从线性分布。由此可见,畸形波区别于常规随机波浪对直墙构筑物的作用,凸显出了畸形波的异常性。

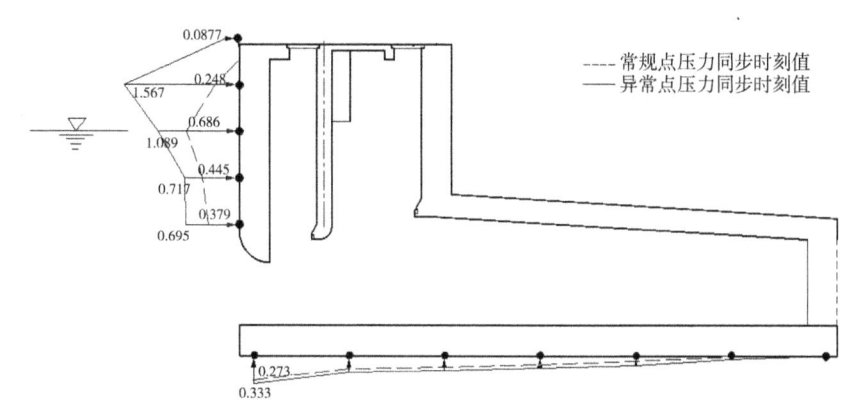

图 6.18　异常点压力和常规最大点压力发生时刻压力值的对比(单位:kPa)

依据图 6.18 中的点压力分布,可以估算出畸形波和常规随机波浪作用时取水构筑物单位长度墙身上的水平总波浪力分别为 225.84 N/m 和 89.84 N/m,前者是后者的 2.51 倍。

畸形波和常规随机波浪作用时,取水构筑物底部受到的点压力均较小,变化曲线较平滑,差别不大,畸形波作用时底部最大点压力是常规随机波浪作用时最大点压力值的 1.22 倍。

综上所述,在本试验中,畸形波比普通波浪能够对取水构筑物产生更强大的压力,威胁取水构筑物的安全。

6.4　本章小结

本章借助一个工程实例,通过测量近岸海域的波浪,发现有畸形波形成,为证明近岸畸形波的存在提供了有力证据。在近岸的人员和船只以及结构物,应该加强防范,预防畸形波可能带来的伤害。

通过研究取水构筑物上波浪异常点压力和取水构筑物附近海域发生畸形波的关系,发现在取水构筑物上异常点压力发生时刻附近,取水构筑物前和附近海域有畸形波发生,因此,取水构筑物上异常点压力是由近岸畸形波传播至取水构筑物并对构筑物冲击造成的。通过对比常规随机波浪和畸形波对取水构筑物点压力的区别,发现常规随机波浪和畸形波作用时取水构筑物底部最大点压力差别不大,而在迎浪侧最大点压力差别较大。畸形波产生的异常点压力可以达到常规随机波浪最大点压力值的 2.28 倍,测力部分的水平总力可以达到 2.51 倍,由此可见,畸形波能够产生比普通波浪强大的压力,可能对近岸构筑物造成严重的破坏,尤其对于核电取水构筑物,应加强防护,提高其强度。若现行设计方案中波浪压强值是在取水口前没有畸形波情况下得到的,建议考虑存在畸形波作用的可能,将设计承压能力加大到 2.5 倍。

结 论

本书回顾总结了已有的基于 Longuet-Higgins 模型模拟畸形波的方法，在此基础上提出了一个具有优越性的相位调制新方法。基于该方法，数值试验讨论了模拟畸形波特征参数和模拟效率的影响因素，并对该模型加以运用，模拟了实测含有畸形波的波列，验证了该方法的有效性和适用性；基于此方法探讨了畸形波在空间演化过程中的有关特性；最后借助一个工程实例，研究了畸形波和常规随机波浪对直墙式构筑物作用的区别。归纳起来，本书的研究工作得到如下结论：

（1）数值模拟和物理模拟结果均表明，本书的模拟方法不但能够实现定时定点生成畸形波，同时既可以满足波浪序列的统计特性，又可以保持目标谱的结构。

（2）通过对比高频向低频调制和低频向高频调制两种调制方式对模拟结果的影响，得出高频向低频调制优于低频向高频调制的结论，高频波浪对畸形波的形成具有极其重要的作用。在高频向低频调制方式下和本书所采用的组成波数范围内（50~100），组成波数一定时，畸形波波高、波峰高和 α_1、α_2 随调制波数的增加而增大；在波浪全部调制情况下，畸形波波高、波峰高和 α_1 随组成波数的增加而增大。畸形波波高、波峰高和 α_1、α_2、α_3、α_4 均随谱宽度的增加而增大。

（3）调制波数和谱的宽度对畸形波的模拟效率具有重要的影响。调制波数越多，谱越宽，模拟效率越高。在组成波数全部调制情况下，本书的数值方法模拟畸形波的效率是稳定的。在本书选取的谱峰周期范围内（8~16 s），谱峰周期对畸形波的特征参数和模拟效率几乎没有影响。

（4）对于模拟畸形波的一般情况，建议截断频率取 3.5~4 倍的谱峰频率。若模拟 α_1 在 2.0 和 2.5 之间的畸形波，组成波数可取 50~70；若模拟畸形度较高的畸形波，组成波数可取 70~100。采用尝试法，即先选取组成波数并将其全部调制，然后根据模拟结果改变组成波数和调制波数。

（5）通过与已有方法进行对比，本书相位调制新方法具有明显的优越性，计算量小,模拟效率高,简单易用。

(6) 应用本书的模拟方法,数值计算成功模拟了多个外海实测含有畸形波的波列,模拟结果与实测畸形波吻合良好,表明了本书的方法不但能够模拟实测畸形波,还可以满足波浪序列的统计特性,并保持目标谱的结构,证明了本书模拟方法的适用性和有效性。其中,本书的方法可以模拟出高畸形度的畸形波,表明相位调制新方法具有更强的适用性。

(7) 将数值方法应用到实验室,通过物理模拟"新年波"、日本海畸形波和北海畸形波等外海实测畸形波的波面时间序列,模拟畸形波和实测畸形波吻合完好,证明了本书的方法可以实现外海实测畸形波的物理生成,模拟结果既满足波浪序列的统计特性,又保持目标谱的结构。本书的方法虽然未能模拟实测高畸形度的畸形波,但是可以模拟波陡较小的非破碎情况下的高畸形度畸形波,这从侧面说明,波浪的破碎阻碍了最大波高的发展。

(8) 模拟畸形波的生成演化过程,在波浪的传播过程中,模拟波列中 α_1 表现出的先迅速增大后急剧减小的现象,表明了波浪能量先汇聚后分散,同时也符合畸形波突然出现又很快消失的特征。

(9) 在畸形波的生成演化过程中,数值模拟和物理模拟均表明,在畸形波形成前后不超过半个特征波长的范围内均有大波谷(海中之洞)形成,这与目击者的描述和研究学者的推断是一致的。

(10) 物理试验结果显示,除了在聚焦点形成 $\alpha_1 \geqslant 2.0$ 且 $\alpha_2 \geqslant 0.65$ 的畸形波以外,在聚焦点前后不超过一个特征波长的范围内,均可形成满足 $\alpha_1 \geqslant 2.0$ 且 $\alpha_2 \geqslant 0.65$ 的畸形波,表明畸形波在形成过程中可以产生一个或多个波峰"突变",且同时经历着多次波峰与波谷的相互转化。

(11) 在本书的试验中,满足 $\alpha_1 \geqslant 2.0$ 的畸形波的生存时间约为 2~10 倍的谱峰周期,传播距离约为 1~5 倍的特征波长。畸形波的无因次生存时间 T_c 和无因次传播距离 S 具有很强的相关性,T_c 大约是 S 的 2.0 倍。

(12) 借助一个工程实例,发现近岸海域的波浪场中有畸形波形成,为证明近岸畸形波的存在提供了有力证据。直墙式取水构筑物迎浪侧的异常点压力是由近岸畸形波传播至取水构筑物并对构筑物冲击造成的。畸形波产生的最大点压力值可以达到常规随机波浪最大点压力值的 2.28 倍,水平总力可以达到 2.51 倍,畸形波能够产生比普通波浪强大的压力,可能对取水构筑物造成严重的破坏。若现行设计方案中波浪压强值是在取水口前没有畸形波情况下得到的,建议考虑存在畸形波作用的可能,将设计承压能力加大到

2.5倍。对取值构筑物底部,畸形波和常规随机波浪作用时,最大点压力差别不大,点压力分布曲线基本一致。

本书创新点如下:

(1) 建立了一种模拟畸形波的相位调制新方法,该方法既能定点定时模拟生成畸形波,又可满足模拟波浪序列的统计特性与天然海浪的统计特性一致,还可使模拟波列的频率谱与目标谱吻合。采用该方法成功模拟了多个外海实测含有畸形波的波序,证明了该方法的适用性和有效性。该方法具有较高的模拟效率,且能实现畸形波的可调控生成。本书方法推荐给出了模拟畸形波的模拟参数,使用本书方法能够快速有效地模拟出畸形波。

(2) 研究了畸形波在随机波浪中的生成与发展过程,试验证明了在波浪聚焦点前后均有一次大波谷(海中之洞)形成,大波谷出现的位置不超过聚焦点前后半个特征波长。畸形波在演化过程可以在聚焦点前、聚焦点和聚焦点后三次形成满足 $H_{max}/H_s \geqslant 2.0$ 且 $\eta_c/H_{max} \geqslant 0.65$ 的畸形波,聚焦点前后的畸形波发生位置在聚焦点前后一个特征波长的范围内。满足 $H_{max}/H_s \geqslant 2.0$ 的畸形波的生存时间为 2~10 倍的谱峰周期,传播距离为 1~5 倍的特征波长,畸形波生存时间与谱峰周期的比值大约是畸形波传播距离与特征波长比值的 2 倍。

(3) 波浪物理模型试验发现了近岸海域的波浪场中有畸形波形成,为证明近岸畸形波的存在提供了有力证据。畸形波对直墙式取水构筑物的最大点压力值可以达到常规随机波浪最大点压力值的 2.28 倍,水平总力可以达到 2.51 倍。

对今后工作的展望:

(1) 本书仅在数值上探讨了畸形波特征参数的影响因素,在物理试验中,可以开展该方面的工作,同时还可以研究畸形波的生成和现有波浪破碎指标之间的关系,尝试提出波能聚焦情况下与畸形波相关的波浪破碎新标准。

(2) 在二维水槽中本书的方法还不能模拟实测高畸形度的畸形波,三维中能否实现高畸形度畸形波的模拟,还待进一步的试验验证。

(3) 在实验室实现定时定点生成畸形波的基础上,可进一步开展畸形波的内部结构和畸形波对结构物作用的试验研究,对于畸形波的理论研究及其工程应用具有十分重要的意义。

参考文献

[1] LAWTON G. Monsters of the deep (The perfect wave)[J]. New Scientist, 2001, 170(2297):28,30-32.

[2] KHARIF C, PELINOVSKY E. Physical mechanisms of the rogue wave phenomenon[J]. European Journal of Mechanics B/Fluids, 2003,22(6):603-634.

[3] DYSTHE K, KROGSTAD H E, MULLER P. Oceanic rogue waves[J]. Annual Review of Fluid Mechanics, 2008,40(1):287-310.

[4] HAVER S. A Possible freak wave event measured at the Draupner Jacket January 1 1995[C]//Rogue Waves 2004 Workshop, Brest: Ifremer,2004.

[5] MÜLLER P, GARRETT C, OSBORNE A. Rogue waves—The fourteenth 'Aha Huliko' a Hawaiian winter workshop[J]. Oceanography, 2005,18(3):66-75.

[6] DIDENKULOVA I I, SLUNYAEV A V, PELINOVSKY E N, et al. Freak waves in 2005[J]. Natural Hazards and Earth System Sciences, 2006,6:1007-1015.

[7] 庞红犁,于定勇. 极端瞬态波浪的特征分析[J]. 海岸工程,2001,20(4):15-20.

[8] 杨冠声,董艳秋,陈学闯. 畸形波(freak wave)[J]. 海洋工程,2002,20(4):105-108.

[9] 杨冠声. 张力腿平台非线性波浪载荷和运动响应研究[D]. 天津:天津大学,2003.

[10] 黄国兴. 畸形波的模拟方法及基本特性研究[D]. 大连:大连理工大学,2002.

[11] 陈冠宇. 疯狗浪的可能机制[J]. 海洋工程学刊,2002,2(1):93-106.

[12] 庞红犁,张庆河,秦崇仁. 异常波及其对海上结构铃振现象的影响[J]. 水道港口,2003,24(3):109-114.

[13] 庞红犁. 极端波浪作用下海上结构物高频共振响应的数值模拟研究[D]. 天津:天津大学,2003.

[14] 董艳秋,陈学闯,杨冠声. 关于一种危害船舶安全的波浪——Freak 波的探讨[J]. 船舶力学,2003,7(2):33-38.

[15] 陈学闯,董艳秋,杨冠声. 非线性 freak 波分析及模拟理论探讨[J]. 海洋工程,2003,21(1):105-108.

[16] 孙一艳,柳淑学,李金宣,等. 聚焦波浪的试验研究[C]//第二十届全国水动力学研讨会文集,北京:海洋出版社,2007:386-393.

[17] 裴玉国,张宁川,张运秋. 畸形波数值模拟和定点生成[J]. 海洋工程,2006,24(4):20-

26.

[18] 裴玉国,张宁川,张运秋.数值模拟生成畸形波的一种新方法[J].海洋通报,2007,26(2):71-77.

[19] 裴玉国,张宁川,张运秋.利用波浪频谱数值模拟畸形波的方法探究[J].海洋学报(中文版),2007,29(3):172-178.

[20] 裴玉国.畸形波的生成及基本特性研究[D].大连:大连理工大学,2007.

[21] 刘晓霞.三维波浪场中畸形波的数值模拟[D].大连:大连理工大学,2008.

[22] 赵西增,孙昭晨,梁书秀.模拟畸形波的聚焦波浪模型[J].力学学报,2008,40(4):447-454.

[23] 柳淑学,李金宣,KEYYONG H.多向聚焦破碎波的实验研究[J].水动力学研究与进展A辑,2007,22(3):293-304.

[24] 李金宣.多向聚焦极限波浪的模拟研究[D].大连理工大学大连理工大学港口、海岸及近海工程,2007.

[25] 高璞,汪留松,赵西增.畸形波特性研究[J].中国港湾建设,2007(6):28-31.

[26] 赵西增,孙昭晨,梁书秀.高阶谱数值方法及其应用[J].船舶力学,2008,12(5):685-691.

[27] 张运秋,张宁川,裴玉国.畸形波数值模拟的一个有效模型[J].大连理工大学学报,2008,48(3):406-410.

[28] 张运秋.深水畸形波的数值模拟研究[D].大连:大连理工大学,2008.

[29] 孙一艳,柳淑学,臧军,等.聚焦波浪对直立圆柱作用的试验研究[J].大连海事大学学报,2008,34(1):5-9.

[30] 李金宣,柳淑学,孙一艳,等.方向分布对三维聚焦波浪波面特性影响研究[J].海洋工程,2008,26(2):26-33.

[31] 赵西增,孙昭晨,梁书秀.高阶谱方法建立三维畸形波聚焦模拟模型[J].海洋工程,2009,27(1):33-39.

[32] 赵西增.畸形波的实验研究和数值模拟[D].大连:大连理工大学,2009.

[33] 黄玉新,裴玉国,张宁川.基于小波变换的畸形波生成过程时频特性研究[J].水动力学研究与进展A辑,2009,24(6):754-760.

[34] 赵西增,孙昭晨.破碎波对随机波统计特性影响的实验研究[J].船舶与海洋工程学报(英文版),2010,9(1):8-13.

[35] 刘首华.畸形波的海浪数值模拟研究[D].青岛:中国海洋大学,2010.

[36] LONGUET-HIGGINS M S. On the statistical distribution of the heights of sea waves[J]. Journal of Marine Research, 1952,11(3):245-266.

[37] SUNDAR V, KOOLA P M, SCHLENKHOFF A U. Dynamic pressures on inclined cylinders due to freak waves[J]. OCEAN ENGINEERING, 1999,26(9):841-863.

[38] SPARBOOM U, WIENKE J, OUMERACI H. Laboratory "freak wave" generation for the study of extreme wave loads on piles[C]//Proceedings of the International Symposium on Ocean Wave Measurement and Analysis, San Francisco:CA,2001.

[39] KIM N, KIM C H. Investigation of a dynamic property of Draupner freak wave[J]. International Journal of Offshore and Polar Engineering, 2003,13(1):38-42.

[40] VOOGT A, BUCHNER B. Wave impacts on moored ship-type offshore structures due to steep fronted waves[C]//Royal Institution of Naval Architects International Conference—Design and Operation for Abnormal Conditions Ⅲ, London: RINA, 2005:122-127.

[41] CLAUSS G F, SCHMITTNER C E, HENNIG J. Systematically varied rogue wave sequences for the experimental investigation of extreme structure behavior[J]. Journal of Offshore Mechanics and Arctic Engineering, 2008,130(2):67-77.

[42] ROUX DE REILHAC P, BONNEFOY F, ROUSSET J M, et al. Improved transient water wave technique for the experimental estimation of ship responses [J]. Journal of Fluids and Structures, 2011,27(3):456-466.

[43] DRAPER L. 'Freak' wave[J]. Marine Observer, 1965,35:193-195.

[44] PELINOVSKY E, KHARIF C. Extreme ocean waves[M]. Berlin: Springer, 2008.

[45] KHARIF C, PELINOVSKY E, SLUNYAEV A. Rogue Waves in the Ocean[M]. Berlin: Springer, 2009.

[46] DYACHENKO A I, ZAKHAROV V E. Modulation instability of Stokes wave→Freak Wave[J]. JETP Letters, 2005,81(6):255-259.

[47] KLINTING P, SAND S. Analysis of prototype freak waves[C]//Coastal Hydrodynamics,Reston:ASCE, 1987:618-632.

[48] DEAN R. Abnormal waves: a possible explanation[C]//Water Wave Kinematics, Dordrecht:Kluwer, 1990.

[49] OCHI M K. Ocean waves, the stochastic approach[M]. Cambridge: Cambridge University press, 1998.

[50] KJELDSEN S P. The wave follower experiment[C]//Air-Sea Interface Radio Acoustic Sensing Turbulence and Wave Dynam, Marseilles,1993.

[51] CHIEN H, KAO C C, CHUANG L Z H. On the characteristics of observed coastal freak waves[J]. Coastal Engineering Journal, 2002,44(4):301-319.

[52] MORI N, LIU P C, YASUDA T. Analysis of freak wave measurements in the Sea of Japan[J]. Ocean Engineering, 2002,29(11):1399-1414.

[53] ONORATO M, OSBORNE A R, SERIO M, et al. Extreme waves, modulational instability and second order theory: wave flume experiments on irregular waves[J].

European Journal of Mechanics, B/Fluids, 2006,25(5):586-601.

[54] PETROVA P, GUEDES SOARES C. Maximum wave crest and height statistics of irregular and abnormal waves in an offshore basin[J]. Applied Ocean Research, 2008,30(2):144-152.

[55] WARWIEK R W. Hurrieane 'Luis', the Queen Elizabeth 2 and a rogue wave[J]. Marine Observer, 1996,66:134.

[56] SCIENCE FRONTIERS. Rogue wave smashes the Queen Elizabeth Ⅱ[EB/OL]. [2011-4-10]. http://www.science-frontiers.com/sf109/sf109p11.htm.

[57] LECHUGA A. Were freak waves involved in the sinking of the Tanker "Prestige"? [J]. Natural Hazards and Earth System Sciences, 2006,6:973-978.

[58] SEA ALARM. Prestige 2002[EB/OL]. [2011-3-25]. http://www.sea-alarm.org/?page_id=91.

[59] HAVER S, ANDERSEN O J. Freak waves: rare realizations of a typical population or typical realizations of a rare population[C]//Proceedings of The Tenth International Offshore and Polar Engineering Conference, Seattle:Wash,2000.

[60] WALKER D A G, TAYLOR P H, TAYLOR R E. The shape of large surface waves on the open sea and the Draupner New Year wave[J]. Applied Ocean Research, 2004,26(3-4):73-83.

[61] LIU P C, PINHO U F. Freak waves-more frequent than rare[J]. Annales Geophysicae, 2004,22(5):1839-1842.

[62] PELINOVSKY E, SLUNYAEV A, LOPATOUKHIN L, et al. Freak Wave Event in the Black Sea: observation and modeling[J]. Doklady Earth Sciences, 2004, 395A:438-443.

[63] STANSELL P. Distributions of freak wave heights measured in the North Sea[J]. Applied Ocean Research, 2004,26(1—2):35-48.

[64] STANSELL P. Distributions of extreme wave, crest and trough heights measured in the North Sea[J]. Ocean Engineering, 2005,32(8/9):1015-1036.

[65] SLUNYAEV A, PELINOVSKY E, GUEDES SOARES C. Modeling freak waves from the North Sea[J]. Applied Ocean Research, 2005,27(1):12-22.

[66] GUEDES S C, CHERNEVA Z, ANTAO E M. Characteristics of abnormal waves in North Sea storm sea states[J]. Applied Ocean Research, 2003,25(6):337-344.

[67] OLAGNON M. About the frequency of occurrence of rogue waves[C]//Rogue Waves 2008, Brest:Ifremer,2008.

[68] SERGEEVA A, PELINOVSKY E, TALIPOVA T. Nonlinear random wave field in shallow water: variable Korteweg-de Vries framework[J]. Natural Hazards and

Earth System Sciences, 2011,11(2):323-330.

[69] WHITE B S, FORNBERG B. On the chance of freak waves at sea[J]. Journal of Fluid Mechanics, 1998,355:113-138.

[70] LAVRENOV I V, PORUBOV A V. Three reasons for freak wave generation in the non-uniform current[J]. European Journal of Mechanics B/Fluids, 2006,25(5):574-585.

[71] GIOVANANGELI J P, KHARIF C, PELINOVSKY E. Experimental study of the wind effect on the focusing of transient wave groups 10. 48550/arVix. physics/06070 10[P]. 2006.

[72] YAN S, MA Q W. Numerical simulation of interaction between wind and 2D freak waves[J]. European Journal of Mechanics B/Fluids, 2010,29(1):18-31.

[73] KRIEBEL D L. Efficient simulation of extreme waves in a Random Sea[C]//Abstract for Rogue Waves 2000 Workshops, Brest: Ifremer,2000:1-2.

[74] KRIEBEL D L, ALSINA M V. Simulation of extreme waves in a background random sea[C]//Proceedings of the 10th International Offshore and Polar Engineering Conference. Seattle:Wash, 2000:31-37.

[75] MORI N, JANSSEN P, ONORATO M. Freak wave prediction from spectra[C]//10th International Workshop on Wave Hindcasting and Forecasting, Hawaii, 2007.

[76] LIGHTHILL M J. Contribution to the theory of waves in nonlinear dispersive systems[J]. IMA Journal of Applied Mathematics, 1965,1(3):269-306.

[77] BENJAMIN T B, FEIR J E. The disintegration of wave trains on deep water. Part 1. Theory[J]. Journal of Fluid Mechanics, 1967,27(3):417-430.

[78] ZAKHAROV V E. Stability of nonlinear waves in dispersive media[J]. J. Teor. Prikl. Fiz. , 1966,51:668-671.

[79] FEIR J E. Discussion: Some results from wave pulse experiments[C]//Proc. Roy. Soc. London Ser. A, 1967.

[80] LIGHTHILL J. Waves in fluids[M]. Cambridge:Cambridge University Press, 1978.

[81] 俞聿修. 随机波浪及其工程应用[M]. 大连：大连理工大学出版社，2003.

[82] CAVALERI L, ALVES J H G M, ARDHUIN F, et al. Wave modelling-The state of the art[J]. Progress in Oceanography, 2007,75(4):603-674.

[83] MORI N, YASUDA T. Effects of high-order nonlinear interactions on unidirectional wave trains[J]. Ocean Engineering, 2002,29(10):1233-1245.

[84] DUCROZET G, BONOEFOY F, LE TOUZé D, et al. 3-D HOS simulation of extreme waves in open seas[J]. Natural Hazards and Earth System Sciences, 2007, 7:109-122.

[85] KHARIF C, GIOVANANGELI J P, TOUBOUL J, et al. Influence of wind on extreme wave events: Experimental and numerical approaches[J]. Journal of Fluid Mechanics, 2008, 594: 209-247.

[86] WU C H, YAO A. Laboratory measurements of limiting freak waves on currents[J]. Journal of Geophysical Research Oceans, 2004, 109(C12): 1-18.

[87] GODA Y. A comparative review on the functional forms of directional wave spectrum[J]. Coastal Engineering Journal, 1999, 41(1): 1-20.

[88] 南京水利科学研究院. 波浪模型试验规程: JTJ/T 234—2001[S]. 北京: 人民交通出版社, 2001.

[89] LIU P C, MORI N. Wavelet spectrum of freak waves in the ocean[C]//27th International Conference on Coastal Engineering, Sydney, 2000.

[90] LIN E B, LIU P C. A discrete wavelet analysis of freak waves in the ocean[J]. Journal of Applied Mathematics, 2004, 5: 379-394.

[91] 李炎保, 邹禄文, 祝振宇. 小波变换在随机海浪及相关课题中的应用与前景[J]. 力学进展, 2003, 33(4): 541-547.

[92] TRULSEN K. Simulating the spatial evolution of a measured time series of a freak wave[C]//Rogue Waves 2000, Brest: Ifremer, 2000.

[93] SCHLURMANN T, LENGRICHT J, GRAW K U. Spatial evolution of laboratory generated freak waves in deep water depth[C]//Proceedings of the International Offshore and Polar Engineering Conference, Seattle, 2000.

[94] OSBORNE A R, SERIO M, ONORATO M. The nonlinear dynamics of rogue waves and holes in deep-water gravity wave trains[J]. Physics Letters, A, 2000, 275(5/6): 386-393.

[95] CLAUSS G F, KLEIN M. The new year wave: Spatial evolution of an extreme sea state[J]. Journal of Offshore Mechanics and Arctic Engineering, 2009, 131(4): 1-9.

[96] MORI N. Effects of wave breaking on wave statistics for deep-water random wave train[J]. Ocean Engineering, 2003, 30(2): 205-220.

[97] FONSECA N, SOARES C G, PASCOAL R. Prediction of ship dynamic loads in heavy weather[C]//Proceedings of the conference on design and operation for abnormal conditions 2, London, 2001.

[98] PASTOOR W, HELMERS J B, BITNER-GREGERSEN E. Time simulation of ocean-going structures in extreme waves[C]//Proceedings of the 22nd International Conference on Offshore Mechanics and Arctic Engineering (OMAE'03), New York: ASME, 2003.

[99] GUEDES SOARES C, FONSECA N, PASCOAL R, et al. Analysis of design wave

loads on a FPSO accounting for abnormal waves[J]. Journal of Offshore Mechanics and Arctic Engineering, 2006,128(3):241-247.

[100] BUCHNER B, BUNNIK T. Extreme Wave Effects on Deepwater Floating Structures[J]. Sea Technology: Worldwide Information Leader for Marine Business, Science & Engineering,2008,49(4):21-24.